荷载与结构设计方法

杨春侠　蒋友宝
张振浩　金霞飞　主　编

中南大学出版社
www.csupress.com.cn

内容提要

本书共分 6 章及两个附录，主要内容为结构设计方法的发展及可靠度的基本概念；结构上的作用及分类；荷载代表值确定原则及主要荷载代表值的计算；荷载及结构抗力的统计分析方法及其概率分布模型；结构可靠度的计算方法；近似概率极限状态设计方法。附录 A 回顾了本书涉及到的概率论与数理统计的基本知识，附录 B 列出了标准正态分布函数表。

本书可供高等院校土木、水利、交通等工程专业的学生和研究生使用，也可供工程结构设计、施工人员和高等院校有关教师阅读、参考。

普通高校土木工程专业系列精品规划教材

编审委员会

总　序

　　土木工程是促进我国国民经济发展的重要支柱产业。近30年来，我国公路、铁路、城市轨道交通等基础设施以及城市建筑进入了高速发展阶段，以高速、重载和超高层为特征的建设工程的安全性、经济性和耐久性等高标准要求向传统的土木工程设计、施工技术提出了严峻挑战。面对新挑战，国内外土木工程行业的设计、施工、养护技术人员和科研工作者在工程实践和科学研究工作中，不断提出创新理念，积极开展基础理论研究和进行技术创新，研发了大量的新技术、新材料和新设备，形成了成套设计、施工和养护的新规范和技术手册，并在工程实践中大范围应用。

　　土木工程行业日新月异的发展，对现代土木工程专业技术人才的培养提出了迫切要求，教材建设和教学内容是人才培养的重要环节。为向普通高校本科生全面、系统和深入地阐述公路、铁路、城市轨道交通以及建筑结构等土木工程领域的基础理论和工程技术成果，中南大学出版社、中南大学土木工程学院组织国内土木工程领域一批专家、学者组成"普通高校土木工程专业系列精品规划教材"编审委员会，共同编写这套系列教材。通过多次研讨，确定了这套土木工程专业系列教材的编写原则：

　　1. 系统性

　　本系列教材以《土木工程指导性专业规范》为指导，教材内容满足城乡建筑、公路、铁路以及城市轨道交通等领域的建筑工程、桥梁工程、道路工程、铁道工程、隧道与地下工程和土木工程管理等方向的需求。

　　2. 先进性

　　本系列教材与21世纪土木工程专业人才培养模式的研究成果密切结合，既突出土木工程专业理论知识的传承，又尽可能全面地反映土木工程领域的新理论、新技术和新方法，注重各门内容的充实与更新。

　　3. 实用性

　　本系列教材针对90后学生的知识与素质特点，以应用性人才培养为目标，注重理论知识与案例分析相结合，传统教学方式与基于现代信息技术的教学手段相结合，重点培养学生的工程实践能力，提高学生的创新素质。这套教材不仅是面向普通高校土木工程专业本科生的课程教材，还可作为其他层次学历教育和短期培训的教材和广大土木工程技术人员的专业参考书。

4. 严谨性

本系列教材的编写出版要求严格按国家相关规范和标准执行，认真把好编写人员遴选关、教材大纲评审关、教材内容主审关和教材编辑出版关，尽最大努力提高教材编写质量，力求出精品教材。

根据本套系列教材的编写原则，我们邀请了一批长期从事土木工程专业教学的一线教师负责本系列教材的编写工作。但是，由于我们的水平和经验所限，这套教材的编写肯定有不尽人意的地方，敬请读者朋友们不吝赐教。编委会将根据读者意见、土木工程发展趋势和教学手段的提升，对教材进行认真修订，以期保持这套教材的时代性和实用性。

最后，衷心感谢本套教材的参编同仁，由于他们的辛勤劳动，编撰工作才能顺利完成。真诚感谢中南大学校领导、中南大学出版社领导和编辑们，由于他们的大力支持和辛勤工作，本套教材才能够如期与读者见面。

2014 年 7 月

前　言

对结构进行合理的设计需要一个科学的设计方法。20世纪40年代发展起来的结构可靠性设计方法是工程设计方法发展的里程碑，许多国家建立了以结构可靠性理论为基础的规范体系。我国的建设部门于1984年完成了《建筑结构设计统一标准》(GBJ 68—84)的编制工作，铁道、公路、水运和水利各有关部门也先后编制了各自的统一标准，并由上述五个部门联合编制了《工程结构可靠性设计统一标准》(GB 50153—92)。我国在工程结构设计领域已经推广并广泛应用了以结构可靠性理论为基础，以分项系数表达的极限状态设计方法。

近年来，我国相关部门陆续对上述统一标准进行修订，进一步完善了结构设计方法。目前已颁布实施的有：《建筑结构可靠度设计统一标准》(GB 50068—2001)、《工程结构可靠性设计统一标准》(GB 50153—2008)、《港口工程结构可靠性设计统一标准》(GB 50158—2010)和《水利水电工程结构可靠性设计统一标准》(GB 50199—2013)，在此基础上颁布了各类结构设计的规范。新颁布的统一标准增加了有关设计工作状况的规定，并明确了设计状况与极限状态的关系；规定了结构的设计使用年限，明确设计使用年限与设计基准期的区别与联系。为了更好地开展教学，使学生适应新的规范标准体系，编写了本书。

"荷载与结构设计方法"是土木工程专业必修的专业基础课程。该课程内容包括荷载和结构设计方法两部分，是对土木工程专业数门专业课程中相关内容的整合，内容多，但课时少。教材编写内容尽量减少了与其他课程的重叠，符合国家现行规范标准的要求。

荷载不仅是工程结构设计的主要计算参数，而且是结构设计的基本依据。由于工程结构所处自然环境的差异、构造及使用要求的不同，作用在工程结构上的荷载多种多样，在时间和空间上均存在大量不确定性。因此研究各种荷载的变异性及计算方法，是结构设计的一项重要任务。本书第2章介绍了工程结构上的作用的分类和统计分析，并给出工程中常见荷载的统计分析结果；第3章介绍荷载代表值的确定原则，并结合相关设计规范给出常见荷载的计算方法。

结构设计方法是核心内容，本书从结构设计方法的演变历程开始，引入近似概率极限状态设计方法的基本概念；在荷载与结构抗力统计分析的基础上，介绍了结构可靠度计算方法——中心点法、验算点法和蒙特卡洛方法。本书第6章介绍了直接概率设计法和结构可靠度与实用设计表达式的联系，并给出了近似概率极限状态设计方法的实用设计表达式。

本书的第1、6章由杨春侠编写，第2、3章及附录由杨春侠、金霞飞编写，第4、5章由蒋友宝、张振浩编写，研究生唐巍、李谧参加了本书的部分编写工作，全书由杨春侠统稿。全书编写过程中得到了杨伟军教授的支持和指导，在此表示衷心的感谢！

通过本书可以了解工程结构设计时需要考虑的各类主要荷载和以结构可靠性理论为基础的近似概率极限状态设计方法。本书可供高等院校土木、水利、交通等工程专业的学生和研究生使用，也可供工程结构设计、施工人员和高等院校有关教师阅读、参考。

由于编者知识所限，书中难免存在不妥之处甚至错误，敬请读者批评指正。

目　录

第 **1** 章
绪　论

1.1　结构设计概论

　　土木工程(Civil Engineering)是建造各类工程设施的科学技术的统称。它既指所应用的材料、设备和所进行的勘测、设计、施工、保养维修等技术活动；也指用混凝土、钢材等建筑材料修建的房屋、铁路、道路、桥梁、隧道、堤坝、港口等工程设施。工程结构是具有承受其使用过程中可能出现的各种环境作用而满足安全、适用、耐久的功能。进行工程结构设计的目的就是要保证结构具有足够的抵抗自然界各种作用的能力。

　　结构设计主要解决两方面的问题：一方面是如何考虑材料固有的性能，使结构的力学分析日趋完善；另一方面是如何合理地选择影响结构安全的参数，如荷载值、材料强度值以及安全系数等。安全系数取大些，荷载值取大些，就多用材料；安全系数取小些，荷载值取小些，就少用材料。实际上，结构设计就是要在结构的可靠性与经济性之间选择一种最佳的平衡，力求以最经济的途径使所建造的结构以适当的可靠度满足各种预定的功能要求。

1.1.1　工程结构的设计使用年限

　　设计使用年限是指设计规定的结构或结构构件不需要进行大修即可按预定目的使用的年限[2]。随着我国市场经济的发展，迫切需要明确各类工程结构的设计使用年限。"工程结构设计时，应规定结构的设计使用年限"作为强制性条文写入了《工程结构可靠性设计统一标准》(GB 50153—2008)，设计文件中需要标注结构的设计使用年限。《工程结构可靠性设计统一标准》(GB 50153—2008)规定了各类工程结构的设计使用年限，其中铁路桥涵结构的设计使用年限应为 100 年，房屋建筑结构、公路桥涵结构和港口工程结构的设计使用年限如表 1 - 1、表 1 - 2、表 1 - 3 所示。

表 1 - 1　房屋建筑结构的设计使用年限

类别	设计使用年限(年)	示例
1	5	临时性建筑结构
2	25	易于替换的结构构件
3	50	普通房屋和构筑物
4	100	标志性建筑和特别重要的建筑结构

表 1 – 2　公路桥涵结构的设计使用年限

类别	设计使用年限(年)	示例
1	30	小桥、涵洞
2	50	中桥、重要小桥
3	100	特大桥、大桥、重要中桥

表 1 – 3　港口工程结构的设计使用年限

类别	设计使用年限(年)	示例
1	5 ~ 10	临时性港口建筑物
2	50	永久性港口建筑物

1.1.2　结构的预定功能

结构的设计、施工和维护应使结构在规定的设计使用年限内以适当的可靠度且经济的方式满足规定的各项功能要求。《工程结构可靠性设计统一标准》(GB 50153—2008)规定,结构在规定的设计使用年限内应满足下列功能要求:

(1)能承受在施工和使用期间可能出现的各种作用;

(2)保持良好的使用性能;

(3)具有足够的耐久性能;

(4)当发生火灾时,在规定的时间内可保持足够的承载力;

(5)当发生爆炸、撞击、人为错误等偶然事件时,结构能保持必需的整体稳固性,不出现与起因不相称的破坏后果,防止出现结构的连续倒塌。

上述结构必须满足的 5 项功能中,第(1)、(4)、(5)项为结构的安全性要求,第(2)项为结构的适用性要求,第(3)项为结构的耐久性要求。这些功能要求概括起来称为结构的可靠性,即结构在规定的时间内(设计使用年限),在规定的条件下(正常设计、正常施工、正常使用、维护)完成预定功能(安全性、适用性和耐久性)的能力。

结构设计时,应根据下列要求采取适当的措施,使结构不出现或少出现可能的损坏:

(1)避免、消除或减少结构可能受到的危害;

(2)采用对可能受到的危害反应不敏感的结构类型;

(3)采用当单个构件或结构的有限部分被意外移除或结构出现可接受的局部损坏时,结构的其他部分仍能保存的结构类型;

(4)不宜采用无破坏预兆的结构体系;

(5)使结构具有整体稳固性。

同时,宜采用适当的材料、合理的设计和构造,对结构的设计、制作、施工和使用等制定相应的控制措施。显然,增大结构设计的余量,如加大结构构件的截面尺寸或钢筋数量,或提高对材料性能的要求,总是能够增加或改善结构的安全性、适应性和耐久性要求,但这将使结构造价提高,不符合经济的要求。因此,结构设计要根据实际情况,解决好结构可靠性与经济性之间的矛盾，既要保证结构具有适当的可靠性，又要尽可能降低造价，做到经济合理。

1.1.3　结构设计的变量及不确定性

对结构进行设计时，需要考虑与设计有关的各种参数。结构的设计参数主要分为两大类：一类是施加在结构上的引起结构产生外加变形或约束变形的各种因素，称为结构上的作用，其引起的外加变形或约束变形称为作用效应，通常用 S 表示。另一类是结构或构件承受作用效应的能力，称为抗力，通常用 R 表示。

结构上的作用不仅是结构设计的主要计算参数，而且是结构设计的基本依据。由于结构物所处自然环境的差异，使用情况与使用要求的不同，结构上的作用多种多样；有的是经常作用在结构上，有的则是偶然作用的；有的可以控制，有的则难以控制；有的是固定的，有的则是可动的；有的可以直接测量或测定，有的则需要经过长期的观察研究，才能找出其变化规律。

结构上的大部分作用，它们各自出现与否以及出现时量值的大小，在时间和空间上均存在大量不确定性因素。例如，一拟建的工程结构在设计阶段判明其将遭受的风荷载大小及作用方向，需要根据其所在场地附近所能获得的过去若干年的气象资料，在时间轴和空间上预测其可能遭受的风荷载大小及作用方向。考虑大量不确定性的存在，往往需要用随机变量或随机过程来描述结构上的作用。大多数情况下，需要采用概率论与数理统计学方法建立其数学模型。

结构抗力取决于材料强度、截面尺寸、连接条件等因素，同样这些影响因素也存在不确定性。例如，混凝土的实际强度取决于配比、水泥的品质、养护的温度、湿度等因素，结构设计时不可能准确预测出其强度。实际设计时，我们需要在统计的基础上选取一代表值计算结构构件的抗力，从而导致结构抗力具有不确定性。

综上所述，工程结构在设计、建造、使用维护期间存在着大量自然因素以及人为因素所致的不确定性，从而导致结构实际性能的不确定性。结构设计时应对这些不确定性变量进行妥善的处理。

1.1.4　结构设计的目标与设计准则

结构设计的目标是使结构在规定的设计使用年限内以适当的可靠度且经济的方式满足规定的各项功能要求。为实现此目标，就要对结构进行合理的设计，而合理的设计需要一个科学的设计准则。传统的设计准则是结构抗力 R 不能小于作用效应 S，其安全储备用安全系数 K 来表示，其相应的设计表达式为

$$\mu_R \geqslant K\mu_S \tag{1-1}$$

式中：K 为安全系数；μ_R，μ_S 分别为结构抗力平均值，作用效应平均值。

传统的设计准则对结构设计的变量结构抗力 R 和作用效应 S 的处理方法是采用平均值作为代表值参与设计，采用安全系数 K 来保证结构具有足够的安全储备。

实际上，对于随机变量或随机过程的设计变量，仅用平均值来反应不确定性对结构性能的影响是远远不够的。随着计算结构力学和结构试验技术的发展，我们对结构性能的分析日趋精确，出现精确的力学计算与凭经验确定的单一安全系数不匹配的局面。如果不能对结构

设计变量中的不确定性进行妥善处理，很难获得良好的设计效果。

现行的设计准则采用量化的指标衡量结构完成预定功能的概率，采用线性分离方法将单一安全系数加以分离，使其表达为分项系数的形式，并建立了结构可靠度与分项系数的对应关系，从而使结构可靠度理论实现设计实用化。在我国，结构可靠度概念及计算理论已经全面进入工程结构设计的规范体系。

1.2　结构设计方法的发展

工程结构设计问题一直为人们所重视，早在公元前 2250 年古巴比伦颁布的汉谟拉比法典（Codeof Hammurabi）就有了"建筑设计师设计的房屋倒塌，若压死了屋主，把建筑师处死，若压死的是房主的妻子或儿子，就把建筑师的妻子或儿子处死"的严厉规定。早期的工程结构中，保证结构安全主要依赖经验。到了公元 1638 年，伽利略的专著《关于固体对于使其破坏的外力的抵抗作用》问世，形成最初的材料力学或建筑力学，才真正有了结构设计的计算方法[6]。经过近四百年的发展，工程结构设计理论经历了从弹性理论到极限状态理论的演变，从定值法到概率法的发展。工程结构设计方法经历了容许应力设计法、破损阶段设计法、多系数极限状态设计法和概率极限状态设计法 4 个阶段。

1.2.1　容许应力设计法

在材料力学及弹性力学方法发展以后，早期的结构设计方法是容许应力法。它假设材料为均匀弹性体，分析结构上所受到的荷载作用，用结构力学或材料力学的方法算出构件中的应力分布，确定危险点上的工作应力值 σ；再根据经验及统计资料确定容许应力 $[\sigma]$；设计时保证最大应力不超过材料的容许应力，即

$$\sigma \leqslant [\sigma] \tag{1-2}$$

这称为强度判据，它满足了结构的强度要求，因而认为结构在工作中不会被破坏。

以往的结构设计由于该法使用方便而均采用它。设计时，作用于结构上的荷载以及结构的承载能力均用定值，若有动荷载作用于结构上时，将动荷载换算成静荷载进行计算。

由于容许应力法使用方便，设计者对它很熟悉，按此法设计可以满足正常使用的要求，所以，此法能得以较长时期的应用，但该法存在着明显的缺点：一是该法按线性弹性理论以一点的强度来确定整个结构构件是否安全可靠，这对于用脆性材料（如石块，铸铁等）制作的结构构件来说有一定的合理性，但是，对于用弹塑性材料（如钢材、钢筋混凝土、混凝土材料等）制作的结构构件而言，由于没有考虑到结构在非弹性阶段仍具有承受荷载的能力，以及没有将荷载、结构抗力等作为随机因素加以考虑，所以是不合理的；二是此法所给定的容许应力不能保证各种结构具有比较一致的可靠度水平；三是此法没有适当考虑荷载的变化具有不同的比例或具有不同的符号，而是假设所有荷载的变化均具有相同的比例，并由此采用单一安全系数，这对于出现反应力的情况等运用此法就不合适了。

容许应力法在实际应用中，针对上述的某些问题，也做过一些修正，例如对塑性材料的结构构件，可在考虑其塑性工作的基础上，采用按塑性计算的容许应力；对不同荷载情况，也可区别对待，通过调整，采用不同的容许应力，因而，考虑到它在设计表达式上具有简洁的优点，对某些单一材料的结构构件，有些设计规范依然采用容许应力法的形式。

1.2.2　破损阶段设计法

破损阶段设计法的设计原则是：结构构件达到破损阶段时的计算承载能力 Φ 应不低于标准荷载引起的构件内力 N 乘以由经验判断的安全系数 K，即

$$KN \leqslant \Phi \tag{1-3}$$

计算承载能力 Φ 是根据结构构件达到破损阶段时的实际工作条件来确定的。由于安全系数是伴随着荷载效应，因此该设计方法也可称之为荷载系数法。

破损阶段的设计方法首先在 20 世纪 30 年代由苏联提出，主要是用在钢筋混凝土结构构件的设计中。其实，这个设计思想早在 19 世纪出现铸铁材料制成的结构时已经形成。当时，由于铸铁桥和房梁的断裂事故，对工程师提出设计荷载应比破损荷载提高多少的问题，为此经过有组织的调查和研究，提出过一些供设计用的建议，但终由于容许应力法的发展与成熟，并主宰了整个结构设计领域，使破损阶段法延迟到钢筋混凝土结构得到大量应用的 20 世纪 30 年代才正式形成。当时，塑性理论和钢筋混凝土结构的试验研究已取得一定的成果，给钢筋混凝土结构按破损阶段设计奠定了基础；使有可能从理论上计算结构的最终承载能力。因此，与容许应力法不同，作为设计方法，破损阶段法是要考虑结构材料的塑性性质及其极限强度，从而确定结构的最终承载能力；但在结构可靠性方面，还是由安全系数来保证，这与容许应力法相同，也存在着类似的缺点。

由于该设计方法是以结构进入最终破损阶段的实际工作为依据，因此当对其他极限状态，例如对使用阶段的结构变形和裂缝状态也有限制条件时，除了那些对设计理论娴熟、经验丰富的工程师，能对结构做出必要的验算外，一般设计人员只能依靠"足够大"的安全系数，或者在设计规范中通过构造要求的规定，来给出一个模糊的保证，即使这样，有时也难免有所不足。

无论是容许应力法，还是破损阶段法，在可靠性方面都是通过经验来给以考虑的，因而设计中采用的安全系数，多半是根据已有结构的经验而加以确定，一般不轻易减小。即使结构作用效应的分析方法有所改进，分析中采用接近实际的计算模型，考虑材料的实际性能，有可能使分析结果更接近实际，但考虑到结构设计中涉及的不确定因素还有很多，一时难以判断，人们宁肯维持在原有的安全水平上。这样，在结构分析方面取得的良好效果，往往会被模糊的可靠性要求所掩盖。因此，如何合理度量结构的可靠性，一直是结构设计迫切期待解决的研究问题。

1.2.3　多系数极限状态设计法

由于荷载的作用，结构在使用期内有可能达到各种临界状态。如上所述主要可将这些状态归纳为两大类，承载能力极限状态和正常使用极限状态。承载能力极限状态包括所有各种使结构进入最终的破坏状态，而正常使用极限状态只涉及结构在使用荷载下的结构效应所处的状态。极限状态方法将前两种设计方法中所考虑的结构实际工作状态都概括在内。具体地说，承载能力极限状态指的是构件断裂、失稳、过大的塑性变形等所导致的结构破坏；而正常使用极限状态指的是由于构件过大的弹性变形、局部变形(包括混凝土的裂缝和剥落)和振幅，使房屋的非承重构件(墙面、门、窗等)遭致破损或引起使用者在心理上的不舒适感。极限状态方法就是要求通过设计，保证结构不致进入上述的极限状态。

极限状态的主要概念是明确结构或构件进入某种状态后就丧失其原有功能，这种状态被称为极限状态。当时有人提出了 3 种极限状态：承载力极限状态、挠度极限状态、裂缝开展宽度极限状态。其表达式分别为：

$$\left.\begin{array}{c} M \leqslant M_{\mathrm{u}} \\ f_{\max} \leqslant f_{\mathrm{lim}} \\ W_{\max} \leqslant W_{\mathrm{lim}} \end{array}\right\} \tag{1-4}$$

这样，它就克服了破损阶段理论无法了解构件在正常使用时能否满足正常使用要求的缺陷。

无论是在最早提出该方法的苏联规范中，还是后来在欧洲很多国家中得到发展，并在国际标准化组织中得到反映的标准文件（ISO 2394）中，在可靠性方面都采用半概率的方法。所谓半概率方法，它并不要求必须保证结构以规定的小概率进入极限状态，而只要求在按极限状态设计的表达式中的各项设计值，都在概率的意义上取值。例如，在设计表达式中，对荷载效应项，以一个较小的超载概率取其设计值；对抗力项，以一个较小的低概率取其设计值。

1.2.4　概率极限状态设计法

概率极限状态设计法是以概率理论为基础，将作用效应和影响结构抗力的主要因素作为随机变量，根据统计分析确定可靠概率来度量结构可靠性的结构设计方法。其特点是有明确的、用概率尺度表达的结构可靠度的定义，通过预先规定的可靠指标值，使结构各构件间，以及不同材料组成的结构之间有较为一致的可靠度水平。

国际上把处理可靠度的精确程度分为三水准。

（1）水准Ⅰ——半概率方法。对荷载效应和结构抗力的基本变量部分地进行数理统计分析，并与工程经验结合引入某些经验系数，所以尚不能定量地估计结构的可靠性。

（2）水准Ⅱ——近似概率法。该法对结构可靠性赋予概率定义，以结构的失效概率或可靠指标来度量结构可靠性，并建立了结构可靠度与结构极限状态方程之间的数学关系，在计算可靠指标时考虑了基本变量的概率分布类型，并采用了线性化的近似手段，在设计截面时一般采用分项系数的实用设计表达式。目前我国的《工程结构可靠度设计统一标准》（GB 50153—2008）、《建筑结构可靠度设计统一标准》（GB 50068—2001）都采用了这种近似概率法，在此基础上颁布了各种结构设计的规范。

（3）水准Ⅲ——全概率法。这是完全基于概率论的结构整体优化设计方法，要求对整个结构采用精确的概率分析，求得结构最优失效概率作为可靠度的直接度量，由于这种方法无论在基础数据的统计方面还是在可靠度计算方面都不成熟，目前尚处于研究探索阶段。

1.3　结构可靠性的基本概念

1.3.1　安全等级和结构可靠度

工程结构设计时，应根据结构破坏可能产生的后果（危及人的生命、造成经济损失、对社会或环境产生影响等）的严重性，采用不同的安全等级。工程结构安全等级的划分应符合表 1-4 的规定。

表1-4 工程结构的安全等级

安全等级	破坏后果
一级	很严重
二级	严重
三级	不严重

根据《工程结构可靠性设计统一标准》（GB 50153—2008）规定的安全等级划分原则，铁路桥涵结构的安全等级为一级，房屋建筑结构、公路桥涵结构和港口工程结构的安全等级划分应满足表1-5~表1-7的规定。

表1-5 房屋建筑结构的安全等级

安全等级	破坏后果	示例
一级	很严重：对人的生命、经济、社会或环境影响很大	大型的公共建筑等
二级	严重：对人的生命、经济、社会或环境影响较大	普通的住宅和办公楼等
三级	不严重：对人的生命、经济、社会或环境影响较小	小型的或临时性贮存建筑等

表1-6 公路桥涵结构的安全等级

安全等级	类型	示例
一级	重要结构	特大桥、大桥、中桥、重要小桥
二级	一般结构	小桥、重要涵洞、重要挡土墙
三级	次要结构	涵洞、挡土墙、防撞护栏

表1-7 港口工程结构的安全等级

安全等级	失效后果	适用范围
一级	很严重	有特殊安全要求的结构
二级	严重	一般港口工程结构
三级	不严重	临时性港口工程结构

工程结构中各类结构构件的安全等级，宜与结构的安全等级相同，但允许对部分结构构件根据其重要程度和综合经济效果进行适当调整。如提高某一结构构件的安全等级所需额外费用很少，又能减轻整个结构的破坏从而大大减少人员伤亡和财务损失，则可将该结构构件的安全等级提高一级；反之，若某一结构构件的破坏并不影响整个结构或其他结构构件，则可将其安全等级降低一级，但不得低于三级。

前面提到，工程结构的可靠性可以反映结构在设计使用年内结构完成预定功能的能力，但这只是个定性描述结构完成安全性、适用性和耐久性三项预定功能的能力。为妥善处理结构设计变量的不确定性，给出结构可靠性的定量描述指标非常有必要。

结构设计的主要变量可以采用随机变量或随机过程来描述，实际上，结构在设计使用年限内是否能完成其预定功能为一随机事件，那么这一随机事件发生的概率即为结构可靠性的定量指标——结构可靠度。结构在规定的时间内（设计使用年限），在规定的条件下（正常设计、正常施工、正常使用、维护）完成预定功能（安全性、适用性和耐久性）的概率即结构的可靠度。结构可靠度水平的设置应根据结构构件的安全等级、失效模式和经济因素等确定。对结构的安全性和适用性可采用不同的可靠度水平。

1.3.2　极限状态和设计状况

整个结构或结构的一部分超过某一特定状态就不能满足设计规定的某一功能要求，此特定状态称为该功能的极限状态。极限状态是区分结构工作状态可靠或失效的标志。极限状态可分为承载力极限状态和正常使用极限状态。

衡量一个结构是否可靠，或者说是否完成功能要求，应有明确的标志。因此，在工程设计中引入了极限状态概念。我们要求所设计的结构应具有足够大的可靠度来保证结构不会超过规定的极限状态，只有这样，才能认为结构满足预定的功能要求。

承载能力极限状态是指结构或结构构件达到最大承载能力的状态，或达到不适于继续承载的变形状态。当出现了下列状态之一时，应认为超过了承载能力极限状态：

(1)结构构件或连接处因超过材料强度而破坏，或因过度变形而不适于继续承载；

(2)整个结构或其一部分作为刚体失去平衡；

(3)结构转变为机动体系；

(4)结构或结构构件丧失稳定；

(5)结构因局部破坏而发生连续倒塌；

(6)地基丧失承载力而破坏；

(7)结构或结构构件发生疲劳破坏。

在设计时，以足够大的可靠度来避免这种极限状态的发生是保证结构安全可靠的必要前提，因此所有结构构件均应进行强度计算，在必要时应验算结构的倾覆和滑移；对于直接承受重级工作制吊车的构件，还应进行疲劳验算。

正常使用极限状态是指结构或结构构件达到使用功能上允许的某个规定限值的状态。当出现下列状态之一时，即认为超过了正常使用极限状态：

(1)影响正常使用或外观的变形；

(2)影响正常使用或耐久性能的局部损坏；

(3)影响正常使用的振动；

(4)影响正常使用的其他特定状态。

为了使所设计的结构构件能满足正常使用的功能要求，根据使用条件需控制变形值的结构构件，应进行变形验算；根据使用条件不允许出现裂缝的构件，应进行抗裂度验算，对使用上需要限制裂缝宽度的构件，应进行裂缝宽度验算。

结构设计时应对结构的不同极限状态分别进行计算或验算。当某一极限状态的计算或验算起控制作用时，可仅对该极限状态进行计算或验算。

在工程结构建造和使用过程中，不同时间段及不同条件下结构的材料性能和承受的荷载是不同的。为保证结构整个使用过程的可靠性，设计时应考虑结构在这些不同阶段和条件下的特点，即设计状况。设计状况是指代表一定时段内实际情况的一组设计条件，设计应做到在该组条件下结构不超越有关的极限状态。工程结构设计时应区分下列设计状况：

（1）持久设计状况，适用于结构使用时的正常情况；持久状况是与结构设计使用年限同一量级的时段相应的设计状况。对于这种状况，设计中应采用结构正常使用的材料性能和荷载。持久设计状况应考虑承载力极限状态设计和正常使用极限状态验算。

（2）短暂设计状况，适用于结构出现的临时情况，包括结构施工和维修时的情况等；短暂状况为时间段与结构设计使用年限相比短得多且出现概率很高的状况。短暂设计状况需要进行承载力极限状态的设计，根据需要进行正常使用极限状态验算。

（3）偶然设计状况，适用于结构出现的异常情况，包括结构遭受火灾、爆炸、撞击时的情况等；对于这种状况，结构所承受的外部作用与正常使用条件下的作用不同，其特点是时间短，但强度很大，需要进行专门的设计。偶然设计状况因其发生的概率小，持续时间短，只需要进行承载力极限状态的设计，可不进行正常使用极限状态验算。

（4）地震设计状况，适用于结构遭受地震时的情况，在抗震设防地区必须考虑地震设计状况。地震使结构所产生作用效应的大小除与地震本身强度、频谱特性和持续时间有关外，还取决于结构本身的形式、质量、固有周期、阻尼及结构构件的延性和耗能能力。考虑地震作用的特点和地震作用下结构响应的特性，需要进行不同于其他三种状况的设计。

1.3.3　结构功能函数

假设将影响结构性能的因素综合为两个变量即结构抗力 R 和作用效应 S，结构构件完成预定功能的工作状态可以用 R 和 S 的关系来描述

$$Z = g(R, S) \tag{1-5}$$

式中，Z 称为结构功能函数，函数 Z 可以采用 R 和 S 的差函数来描述，即

$$Z = R - S \tag{1-6}$$

由于 R 和 S 都是非确定性的随机变量，故 Z 也是随机变量。它可以表示工程结构所处的三种工作状态：

当 $Z > 0$ 时，结构能够完成预定的功能，处于可靠状态；

当 $Z < 0$ 时，结构不能完成预定的功能，处于失效状态；

当 $Z = 0$ 时，即 $R = S$ 结构处于极限状态。

此时，$Z = g(R, S) = R - S = 0$ 称为结构的极限状态方程。

式（1-5）可以推广到 n 个变量的情况。假设影响结构性能的因素有 n 个，用 X_1，X_2，$\cdots$，X_n 表示，则结构的功能函数 Z 可以表示为这 n 个变量的函数

$$Z = g(X_1, X_2, \cdots, X_n) \tag{1-7}$$

式中，X_1，X_2，$\cdots$，X_n 为影响结构可靠度的基本变量，如荷载、材料性能、几何参数等。式（1-7）为结构功能函数的一般表达式，同样可以表示工程结构所处的三种工作状态。当功能函数 $Z = g(X_1, X_2, \cdots, X_n) = 0$ 时称为结构的极限状态方程。

1.3.4　结构可靠概率与失效概率

可靠度是对结构可靠性的一种定量描述，即概率度量。结构能够完成预定功能的概率称

为可靠概率 p_s；结构不能完成预定功能的概率称为失效概率 p_f；结构的可靠与失效是两个互不相容事件，因此结构的可靠概率 p_s 和结构的失效概率 p_f 是互补的，即

$$p_s + p_f = 1 \qquad (1-8)$$

工程上，一般习惯以结构失效概率 p_f 作为衡量结构可靠度的指标。以两个综合变量的情况为例，结构的失效概率即随机事件 $Z < 0$ 发生的概率

$$p_f = P\{Z < 0\} = \int_{-\infty}^{0} f(z)\mathrm{d}z = \iint_{R\sum S<0} f(r,s)\mathrm{d}r\mathrm{d}s \qquad (1-9)$$

式中，$f(\,|z)$ 为功能函数 Z 的概率密度函数；

$f(r,s)$ 为随机变量 R 和 S 的联合概率密度函数。

假设结构抗力 R 和荷载效应 S 是互相独立的，则结构失效概率可以表示为

$$p_f = \iint_{R-S<0} f(r,s)\mathrm{d}r\mathrm{d}s = \iint_{R-S<0} f_R(r)f_S(s)\mathrm{d}r\mathrm{d}s \qquad (1-10)$$

推而广之，当影响结构性能的因素有 X_1, X_2, $\cdots$, X_n n 个变量时，结构的失效概率表示为

$$p_f = \iint_{Z<0} f(z)\mathrm{d}z = \iint_{Z<0} f(x_1, x_2, \cdots, x_n)\mathrm{d}x_1\mathrm{d}x_2\cdots\mathrm{d}x_n \qquad (1-11)$$

式中，$f(x_1, x_2, \cdots, x_n)$ 为基本变量 X_1, X_2, $\cdots$, X_n 的联合概率密度函数。

由以上分析可知，即使对于简单的两个随机变量的情况，采用数值积分方法直接计算结构的失效概率也是非常麻烦的。况且实际工程中影响结构可靠度的变量的数目较多，功能函数也可能为非线性函数，计算更为复杂，很难在实际工程中推广应用。结构可靠度理论能够在实际工程中得到应用，必须找出可操作的近似计算方法。

1.3.5　结构可靠指标

目前，概率极限状态设计法是采用可靠指标来度量结构可靠度水平，可靠指标的计算采用一次二阶矩方法进行计算，回避了复杂的数值积分运算，使得结构可靠度理论在实际工程中得以推广应用。

结构可靠指标的定义最早由美国学者康奈尔(Cornel)提出。假设结构抗力 R 和荷载效应 S 均为服从正态分布的随机变量，R 和 S 是互相独立的，结构功能函数 $Z = R - S$ 也是正态分布的随机变量。则失效概率可由下式计算

$$p_f = P\{Z < 0\} = \int_{-\infty}^{0} f(z)\mathrm{d}z = F_Z(0) \qquad (1-12)$$

式中：$F_Z(0)$ 为正态分布函数 Z 的分布函数在 0 处的函数值。而因为是一个不可积函数，需要借助标准正态分布函数表确定其值。假设结构抗力 R 平均值为 μ_R，标准差为 σ_R；荷载效应 S 的平均值为 μ_S，标准差为 σ_S，则功能函数 Z 的平均值及标准差为

$$\mu_Z = \mu_R - \mu_S \qquad (1-13a)$$

$$\sigma_Z = \sqrt{\sigma_R^2 + \sigma_S^2} \qquad (1-13b)$$

失效概率可表示为

$$p_f = F_Z(0) = \Phi\left(\frac{0 - \mu_Z}{\sigma_Z}\right) = \Phi\left(-\frac{\mu_R - \mu_S}{\sqrt{\sigma_R^2 + \sigma_S^2}}\right) \qquad (1-14)$$

式中：$\Phi(\cdot)$ 为标准正态分布函数。令

$$\beta = \frac{\mu_Z}{\sigma_Z} = \frac{\mu_R - \mu_S}{\sqrt{\sigma_R^2 + \sigma_S^2}} \qquad (1-15)$$

式中：β 称为结构可靠指标。则 β 与结构失效概率 p_f 的关系为

$$p_f = \Phi(-\beta) \qquad (1-16)$$

或

$$\beta = \Phi^{-1}(1 - p_f) \qquad (1-17)$$

因为 β 与失效概率 p_f 一样具有一一对应关系，β 同样可以用来衡量结构可靠程度，而且结构可靠指标 β 的计算要比用数值积分方法计算失效概率 p_f 简单。表 1-8 给出了 β 与 p_f 的对应关系。

表 1-8　可靠指标与失效概率的对应关系

β	1.0	2.0	3.0	4.0	5.0
p_f	1.5866×10^{-1}	2.2750×10^{-2}	1.3499×10^{-3}	3.1671×10^{-5}	2.8665×10^{-7}

当 Z 为非正态分布时，式 $(1-15)$ 是不能成立的。而且当对同一个问题给出两个不同的功能函数时，将得到两个不同的 β 值。而事实上，对于同一失效模式，无论选择怎样不同的功能函数，它的可靠度应该是不变的。因此，式 $(1-15)$ 作为可靠指标的定义是不严密的。

加拿大学者 Hasofer 和 Lind 将可靠指标定义为标准正态坐标系中坐标原点到极限状态超曲面的最短距离，这个定义得到国内外普遍接受。然而，丹麦学者 Ditlevsen 指出，因为这个定义缺乏比较性，也是不科学的。为此 Ditlevsen 给出了一个广义可靠指标的定义[8]。

$$\beta = G\left(\int_{\varpi} f(X)\,\mathrm{d}X \right) \qquad (1-18)$$

函数 G 的确定是使 $f(X) = f(X_1)f(X_2) \cdots f(X_n)$。当随机变量 X 为正态分布时，有 $G = \Phi^{-1}$。事实上，广义可靠指标 β 的定义式 $(1-17)$ 还可以进一步推广。对于任意分布的 Z，都可以定义

$$\beta = \Phi^{-1}\left(\int_{\varpi} f(X)\,\mathrm{d}X \right) = \Phi^{-1}\left(1 - \int_{\Omega} f(X)\,\mathrm{d}X \right) = \Phi^{-1}(1 - p_f) \qquad (1-19)$$

当 Z 为正态分布时，由上式有

$$\beta = \frac{\mu_Z}{\sigma_Z} \qquad (1-20)$$

式 $(1-20)$ 的定义是 Cornel 定义的逆序，从而更加科学合理，它指出了一次二阶矩法的本质和思维途径。不难看出式 $(1-19)$ 的计算是困难的，式 $(1-20)$ 的计算是简单的，但式 $(1-20)$ 要求 Z 为正态分布。只有当 Z 为各随机变量的线性组合，且各随机变量均为正态分布时，Z 才是正态分布。因此一次二阶矩理论的本质要求，是必须将非正态分布化为当量正态分布，将极限状态函数 Z 化为线性函数[1]。

重点与难点

1. 教学重点是设计使用年限、设计状况及结构可靠度等基本概念。
2. 教学难点是可靠指标三个阶段的定义。

思考与练习

1. 什么是结构的设计使用年限？工程结构一旦超过设计使用年限是不是意味着必须拆除？
2. 工程结构在设计使用年限内应该完成哪些预定功能？
3. 如何理解结构设计中的不确定性？
4. 到目前为止结构设计方法发展经历了哪些阶段？
5. 什么是概率极限状态设计法的三水准？现行设计规范采用的是哪一水准？
6. 什么是结构可靠度？通常用哪个指标衡量结构的可靠度？
7. 什么是极限状态？现行规范考虑的极限状态有哪些？如何防止结构超过极限状态？
8. 什么是结构设计状况？现行的可靠性设计统一标准规定必须考虑哪些设计状况？
9. 简述结构失效概率与可靠指标的关系？

第 2 章

作用(荷载)的分类及统计分析

2.1　结构上的作用及分类

进行工程结构设计的目的就是要保证结构具有抵抗自然界施加于结构上的各种作用的能力,从而满足各项预定功能要求。因此,结构设计的第一步就是要确定结构上的作用[5]。我国《工程结构可靠性设计统一标准》(GB 50153—2008)对结构上的作用所给出的定义是:施加在结构上的集中荷载或分布力(直接作用)和引起结构外加变形或约束变形的原因(间接作用),是使结构产生效益(内力、变形、应力、应变和裂缝等)的各种原因的总称。由于常见的能使结构产生效应的原因,多数可归结为直接作用在结构上的各种力,因此习惯上将结构上的作用统称为荷载(又称载荷或负荷)[4]。但"荷载"这个术语并不恰当,混淆了两种不同作用方式。由于工程上的长期沿用,目前仍有不少文献将"荷载"与"作用"等同采用。

2.1.1　作用的分类

结构设计时,不仅需要知道有哪些荷载作用于结构之上,还需要确定作用的方式、方向、空间位置以及随时间的变化等,以便于建立作用的数学模型并确定其代表值。因此,需要对结构上的作用进行分类。

1. 按作用的方式分类

结构上的作用就其形式而言,可分为以下两类:

1)直接作用

直接作用即直接施加在结构上的各种力,习惯上称为荷载。例如由于地球引力而作用在结构上的结构自重,人群、家具、设备、车辆等重力,以及雪压力、土压力、水压力等。

2)间接作用

间接作用指在结构上引起结构外加变形或约束变形的其他作用。例如基础沉降、材料收缩、徐变、温度变化、焊接变形和地震作用等。

2. 按随时间的变化分类

按随时间的变化分类,是对作用的基本分类。它直接关系到概率模型的选择与效应组合形式的选择。作用按随时间的变化可分为以下 3 类:

1)永久作用(永久荷载或恒载)

在设计所考虑的时期内始终存在且其量值变化与其平均值相比可以忽略不计的作用,或其变化是单调的并趋于某个限值的作用。其统计规律与时间无关,可采用随机变量概率模型来描述。例如结构自重、土压力、预应力，水位不变的水压力，在若干年内基本上完成的混凝土收缩和徐变、基础不均匀沉降等均可列为永久作用。

2）可变作用

在结构设计使用年限内其量值随时间变化，且其量值的变化与平均值相比不可忽略不计的作用。其统计规律与时间有关，可采用随机过程概率模型来描述。例如屋面与楼面活荷载，车辆、人群、设备重力，车辆冲击力和制动力，风荷载，雪荷载，波浪荷载，水位变化的水压力，温度变化等均属可变作用。可变作用的取值与设计基准期有关，同一可变作用，选取的设计基准期不同，取值是不一样的。设计基准期是指为确定可变作用等的取值而选取的时间参数。

3）偶然作用

在结构设计使用年限内不一定出现，而一旦出现其量值很大，且持续时间很短的作用。例如地震作用、爆炸力、撞击力、龙卷风等均属偶然作用。一般依据各专业本身特点按经验采用。

结构上的作用按时间变化的分类是结构设计中主要的分类方式，表2－1～表2－5是不同类型工程结构上的作用按时间的分类。

表 2 － 1 　建筑结构上的主要作用及其分类

编号	作用分类	作用名称
1	永久作用	结构自重
2		土压力
3		预应力
4	可变作用	楼面活荷载
5		屋面活荷载
6		积灰荷载
7		吊车荷载
8		风荷载
9		雪荷载
10		温度作用
11	偶然作用	爆炸力
12		撞击力
13		地震作用

表 2-2 公路桥涵结构的主要作用及其分类

编号	作用分类	作用名称
1	永久作用	结构自重（包括结构附加重力）
2		预加力
3		土的重力
4		土侧压力
5		混凝土收缩及徐变作用
6		水的浮力
7		基础变位作用
8	可变作用	汽车荷载
9		汽车冲击力
10		汽车离心力
11		汽车引起的土侧压力
12		汽车制动力
13		人群荷载
14		疲劳荷载
15		风荷载
16		流水压力
17		冰压力
18		波浪力
19		温度（均匀温度和梯度温度）作用
20		支座摩阻力
21	偶然作用	船舶的撞击作用
22		漂流物的撞击作用
23		汽车撞击作用
24		地震作用

表 2-3　水工结构的主要作用及其分类

编号	作用分类	作用名称
1	永久作用	结构自重和永久设备自重
2		土压力
3		淤沙压力(有排沙设施时可列为可变作用)
4		地应力
5		围岩压力
6		预应力
7	可变作用	静水压力
8		扬压力(包括渗透压力和浮托力)
9		动水压力(包括水流离心力、水流冲击力、脉动压力等)
10		水锤压力
11		浪压力
12		外水压力
13		风荷载
14		雪荷载
15		冰压力(包括静冰压力和动冰压力)
16		冻胀力
17		楼面(平台)活荷载
18		桥机、门机荷载
19		温度作用
20		土壤孔隙水压力
21		灌浆压力
22	偶然作用	地震作用
23		校核洪水位时的静水压力

表 2 − 4　港口工程结构的主要作用及其分类

编号	作用分类	作用名称
1	永久作用	自重力
2		预加应力
3		由土重力和永久荷载引起的土压力
4		固定水位的静水压力和浮托力
5	可变作用	堆货荷载
6		起重运输机械荷载
7		铁路列车荷载
8		汽车荷载
9		载货缆车荷载
10		人群荷载
11		可变荷载引起的土压力
12		船舶荷载
13		风荷载
14		冰荷载
15		水流力
16		波浪力
17		施工荷载
18	偶然作用	根据工程的实际情况和建设的特殊要求确定

表 2 −5 铁道桥涵结构的主要作用及其分类

编号	作用分类	作用名称
1	（恒载）永久作用	结构构件及附属设备自重
2		预加力
3		混凝土收缩及徐变作用
4		土压力
5		静水压力
6		水浮力
7		基础变位的影响

续表 2－5

编号	作用分类	作用名称
8	（活载）可变作用	列车竖向静活载
9		公路活载（需要时考虑）
10		列车竖向动力作用
11		长钢轨纵向水平力（伸缩力和挠曲力）
12		离心力
13		横向摇摆力
14		活载土压力
15		人行道人行荷载
21	附加力	制动力或牵引力
22		风力
23		流水压力
24		冰压力
25		温度变化的作用
26		冻胀力
27	特殊荷载	列车脱轨荷载
28		船只或排筏的撞击力
29		汽车撞击力
30		施工临时荷载
31		地震力
32		长钢轨断轨力

3. 按随空间位置的变化分类

作用按随空间位置的变化分类，是由于进行作用效应组合时，必须考虑作用所在的空间位置及其所占面积的大小。

1）固定作用

在结构空间位置上具有固定不变的分布，但其量值可能具有随机性。例如固定设备荷载、屋面上的水箱和结构构件自重等。

2）自由作用

在结构空间位置上的一定范围内可以任意分布，其出现的位置和量值都可能是随机的。例如屋面或楼面上的活荷载、车辆荷载、吊车荷载等。由于自由作用是可以任意分布的，结构设计时应考虑其位置变化在结构上引起的最不利效应分布。

4. 按结构的反应分类

作用按结构的反应分类，主要是为了在结构分析时，对某些出现在结构上的作用，需要

考虑其动力效应。按结构的反应不同作用可分为以下两类:

1)静态作用

不使结构或结构构件产生加速度或所产生的加速度很小可以忽略不计的作用。例如结构自重、楼面上人群荷载、雪荷载、土压力等。

2)动态作用

使结构或结构构件产生不可忽略的加速度的作用。例如地震作用、吊车荷载、设备振动、作用在高耸结构上的脉动风、打桩冲击等。

在进行结构分析时,对于动态作用应当考虑其动力效应,用结构动力学方法进行分析;或采用乘以动力系数的简化方法,将动态作用转换为等效静态作用。

5. 按有无限值分类

按有无限值作用可分为以下两类:

1)有界作用

具有不能被超越的且可确切或近似掌握其界限值的作用。例如水坝的最高水位、具有敞开泄压口的内爆炸荷载等。这类有界作用的概率分布模型可采用截尾的分布类型。

2)无界作用

没有明确界限值的作用。

2.1.2　作用与作用效应

由作用引起的结构或结构构件的反应,如轴力、弯矩、剪力、扭矩、应力、应变、挠度、裂缝等,称为作用效应。作用、结构和作用效应的关系如图 2-1 所示。

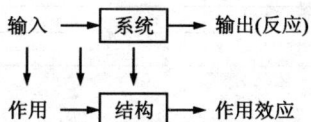

图 2-1　作用、结构和作用效应的关系

当作用为直接作用(荷载)时,其效应也称为荷载效应。荷载 Q 与荷载效应 S 之间,一般近似按线弹性关系考虑

$$S = CQ \qquad\qquad (2-1)$$

式中,C 为荷载效应系数,为常数。这时,可认为 S 的统计规律与 Q 的统计规律是一致的。本书后面的讨论仅限于这种情况。

2.2　作用(荷载)的概率模型

结构上的作用是结构设计中的基本变量,不仅具有随机性,一般还与时间有关,在数学上一般采用随机过程来描述。作用的随机过程概率模型需要借助于概率论、统计数学及随机过程方法对其特性进行研究。在一个确定的设计基准期 T 内,对荷载随机过程作连续观测,例如对某地的风压连续观测 30～50 年,所获得的依赖于观测时间的数据称为随机过程的一个样本函数。每个随机过程都是由大量的样本函数构成的。

2.2.1 平稳二项随机过程

荷载随机过程的样本函数是十分复杂的，它随荷载的种类不同而异。目前对各类荷载随机过程的样本函数及其性质了解甚少。对常见的荷载，常采用简化的随机过程来描述。目前常用两种概率模型：对于与时间参数无关的永久荷载，一般采用随机变量概率模型；对于与时间参数有关的可变荷载，一般采用平稳二项随机过程概率模型。如果同时考虑荷载随时间、空间变异时，则采用多维随机概率模型更为合理，但目前仍处于研究阶段。此处，仅介绍随机过程概率模型，即荷载随机过程，用式(2-2)表示：

$$\{Q(t, \omega), t \in [0, T], \omega \in \Omega\} \quad (2-2)$$

式中，T 为设计基准期，Ω 为观测的基本结果的全体。工程结构在使用过程中，荷载随时间变化，对荷载进行统计分析时会用到任意时点值、任意时段内的极大值和设计基准期内的最大值，如图2-2所示。如果作用是一个平稳随机过程，其任意时点值、任意时段内的极大值和设计基准期内的最大值都是随机变量，而且具有相同的分布。

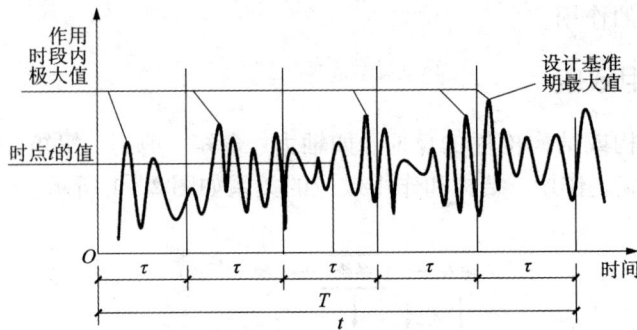

图2-2 随机过程概率模型

以楼面活荷载为例，当具体观测某一房间中的活荷载时，从它正式使用开始$(t=0)$直至50年$(t=T=50$年$)$结束，该荷载变化可用一个时间函数表示，记为

$$Q(t, \omega_0) = f(t), t \in [0, T], \omega_0 \in \Omega \quad (2-3)$$

式中，ω_0 表示一次特定的观测，$f(t)$ 称为一个样本函数，如图2-3所示。

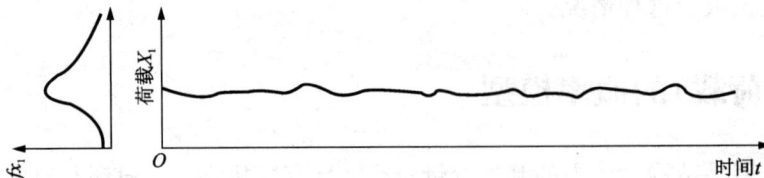

图2-3 可变荷载的一个样本函数

不难理解，荷载随机过程是由大量样本函数组成的。在平稳二项随机过程模型中，将可

变荷载的样本函数模型化为等时段的矩形波函数,如图 2 - 4 所示。平稳二项随机过程模型的基本假定为:

(1)荷载一次持续施加于结构上的时段长度为 τ,而在设计基准期 T 内可分为 r 个相等的时段,即 $r = T/\tau$;

(2)在每一时段 τ 上,可变荷载出现即[$Q(t) > 0$]的概率为 p,不出现即[$Q(t) = 0$]的概率为 $q = 1 - p$;

(3)在每一时段 τ 上,可变荷载出现时,其幅值是非负的随机变量,且在不同的时段上其概率分布函数 $F_Q(x)$ 相同,这种概率分布称为任意时点荷载概率分布;

(4)不同时段 τ 上的幅值随机变量是相互独立的,并且在时段 τ 内是否出现荷载,也是相互独立的。

矩形波幅值的变化规律采用随机过程 $\{Q(t), t \in [0, T]\}$(为简单起见,往后将与符号 ω 有关的部分均省略)中任意时点荷载的概率分布函数 $F_Q(x) = P\{Q(t_0) \leqslant x, t_0 \in [0, T]\}$ 来描述。

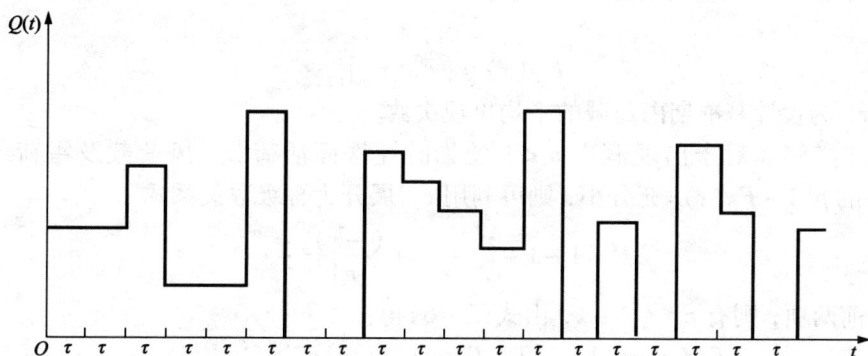

图 2 - 4　平稳二项随机过程模型矩形波函数

对于平稳二项随机过程模型,每种可变荷载必须给出 3 个统计要素,即:荷载出现一次的平均持续时间 $\tau = T/r$;在任一时段 τ 上荷载出现的概率 p;任意时点随机变量的概率分布 $F_Q(x)$。

对于几种常遇的荷载,参数 τ 和 p 可以通过调查测定或经验判断得到。任意时点荷载的概率分布 $F_Q(x)$ 是结构可靠度分析的基础,应根据实测数据,选择典型的概率分布(如正态分布、对数正态分布、伽马分布、极值 Ⅰ 型、Ⅱ 型、Ⅲ 型分布等)进行概率优度拟合。在进行优度拟合时,一般可采用 χ^2 检验法或 K - S 检验法。检验的显著性水平一般可取 0.05。

2.2.2　设计基准期内的最大值分布

在设计基准期内,如果作用产生的最大作用效应不超过结构的承载力,则结构安全,所以决定结构是否安全的是设计基准期内的最大值。因此,确定设计基准期内的荷载最大值非常重要。为安全起见,一般是取荷载 $\{Q(t), t \in [0, T]\}$ 在设计基准期内的最大值随机变量 Q_T 为

$$Q_T = \max Q(t), 0 \leqslant t \leqslant T \qquad (2 - 4)$$

式中：Q_T 为设计基准期 T 内荷载最大值随机变量。

根据平稳二项随机过程的等时段矩形波模型，并利用全概率定理和二项定理可推导出 Q_T 的概率分布：

在任一时段 τ，$Q_t(t)$ 的概率分布 $F_{Q_t}(x)$ 为：

$$F_{Q_t}(x) = P\{Q(t) \le x, t \in \tau\} = pF_Q(x) + q \times 1$$
$$= pF_Q(x) + 1 - p = 1 - p[1 - F_Q(x)] \qquad (2-5)$$

当 $x < 0$ 时，显然有 $F_{Q_t}(x) = 0$。

根据上述平稳二项随机过程 1，4 两项假定，可得设计基准期 T 内荷载最大值 Q_T 的概率分布函数为

$$F_{Q_t}(x) = P\left\{\max_{0 \le t \le T} Q(t) \le x\right\} = P\left\{\prod_{i=1}^{r}[Q_t \le x, t \in \tau_i]\right\}$$
$$= \prod_{i=1}^{r} P[Q_t \le x, t \in \tau_i] = \{1 - p[1 - F_Q(x)]\}r \qquad (2-6)$$

式中：$r = T/\tau$ 为设计基准期内的总时段数。

对于在每一时段上必然出现的可变荷载，例如持久性楼面活荷载，$p = 1$，则式（2-6）可写成：

$$F_{Q_t}(x) = [F_Q(x)]^m \qquad (2-7)$$

式中：$m = pr$，为设计基准期内荷载的平均出现次数。

当 $p \ne 1$ 时（例如对于出现概率 $p < 1$ 的临时性楼面活荷载、风荷载及雪荷载），如果式（2-6）中的 $p[1 - F_Q(x)]$ 充分小，则可利用 e^{-x} 展开为幂级数关系式

$$e^{-x} = 1 - x + \frac{x^2}{2} + \cdots + \frac{(-x)^n}{n!} + \cdots \qquad (2-8)$$

近似取前两项，则有 $e^{-x} \approx 1 - x$，由式（2-6）得：

$$F_{Q_t}(x) = \{1 - p[1 - F_Q(x)]\}r \approx \{e^{-p[1-F_Q(x)]}\}r$$
$$= \{e^{-[1-F_Q(x)]}\}^{pr} \approx \{1 - [1 - F_Q(x)]\}^{pr}$$
$$= [F_Q(x)]^m \qquad (2-9)$$

式（2-9）表明，平稳二项随机过程 $\{Q(t), t \in [0, T]\}$ 在 $[0, T]$ 上的最大值 Q_T 的概率分布 $F_{Q_t}(x)$ 是任意时点分布 $F_Q(x)$ 的 m 次方。在一般情况下，采用式（2-9）确定 $F_{Q_t}(x)$ 比式（2-6）方便。由此得到的结果是近似的，但是偏于安全的。

当然，在时段 τ 内假定荷载的峰值为恒定（即矩形波假设），对于持久性活荷载比较适用，而对于像最大风压或临时性楼面活荷载等短期瞬时荷载，则此假设是与实际情况不符的。如取 τ 为一年，按上述假设，一年时段内的风压均为恒定的年最大风压，这显然是不符合实际情况的。另外，一般从荷载统计资料中 r 和 p 的取值是不易得到的，往往是人为地确定。因此，τ 和 $m = pr$ 取何值更符合实际，需进一步研究。

2.3 房屋建筑结构荷载的统计分析结果

在制定《建筑结构设计统一标准》的过程中，有关研究人员对常遇的恒载、民用建筑楼面活荷载、风荷载和雪荷载等进行了大量的调查实测，数据处理和统计分析，提出了专题研究报告。此处主要引述他们的有关恒荷载、活荷载以及风荷载统计分析结果。

2.3.1　恒荷载

在全国 17 个省、市、自治区实测了大型屋面板、空心板、槽形板、F 形板和平板等钢筋混凝土预制构件共约 2667 块，以及找平层、垫层、保温层、防水层等 10000 多个测点的厚度和部分容重，总面积达 20000 多平方米。根据实测资料和数据，作为恒荷载统计分析的基础。

恒荷载在整个设计基准期 T 内必然出现，即 $p = l$，且基本上不随时间变化，总时段数 $r = 1$，则平均出现次数 $m = pr = 1$。从而，其样本函数可模型化为一根平行于时间轴的直线，如图 2 - 5 所示。因此，恒载可直接用随机变量来描述，记作 G。

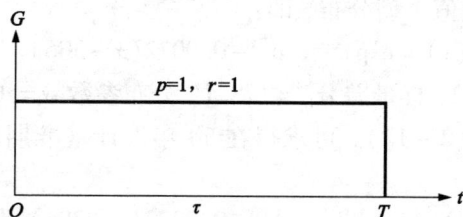

图 2 - 5 恒荷载的样本函数

在现行荷载规范中对各种恒荷载规定的标准值为 G_k（设计尺寸乘标准容重），通过对有代表性的恒荷载实测数据，经统计假设检验，认为 G 服从正态分布，简记为 $G \sim N(1.06G_k, 0.074G_k)$，其任意时点的概率分布函数为：

$$F_Q(x) = \int_{-\infty}^{x} \frac{1}{0.074G_k \sqrt{2\pi}} \exp\left[-\frac{(t - 1.06G_k)^2}{0.011G_k^2} \right] dt \qquad (2 - 10)$$

按式（2 - 7）可算得恒荷载在设计基准期 T 内的最大值概率分布函数为：

$$F_{Q_t}(x) = \left[F_Q(x) \right]^m = F_Q(x) \qquad (2 - 11)$$

它与任意时点的分布相同，故一切参数保持不变。可见恒荷载实测平均值与现行荷载规范标准值之比值为 $K = \mu_G / G_k = 1.06$。

2.3.2　办公楼楼面活荷载

民用建筑楼面活荷载一般分为持久性活荷载 $L_i(t)$ 和临时性活荷载 $L_r(t)$ 两类。前者是指在设计基准期内经常出现的荷载，如办公楼、住宅中常见的人、物。后者是指短暂出现的活荷载，如办公室或住宅中流动的人物等。持久性活荷载可由现场实测或实称得到，临时性活荷载一般通过口头询问调查，要求用户提供他们使用期内的最大值。

现将办公楼和住宅楼面活荷载的统计分析介绍如下。

1. 持久性活荷载 $L_i(t)$

办公楼持久性活荷载在设计基准期 T 内任何时刻都存在，故出现的概率 $p = 1$。对 317 幢不同类型办公楼使用情况的调查，每次搬迁后的平均持续使用时间即时段 τ 接近于 10 年，亦即在设计基准期 50 年内，总时段数 $r = 5$，荷载平均出现次数 $m = pr = 5$。这样，平稳二项随机过程的样本函数如图 2 - 6 所示。

对 2201 个数据经 χ^2 分布假设检验，在显著性水平 $\alpha = 0.05$ 下，任意时点持久性活荷载的

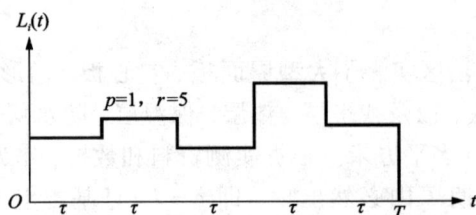

图 2 – 6　办公楼持久性活荷载的样本函数

概率分布不拒绝 $L_i(t)$ 服从极值 I 型分布，即：

$$F_{L_i}(x) = \exp\{-\exp[-0.0072(x-306)]\} \qquad (2-12)$$

其子样平均值 $\mu_{L_i} = 386.2$，标准差 $\sigma_{L_i} = 178.1$，分布参数 $\alpha = 0.0072$，$\beta = 306$。

根据式（2 – 7）并利用式（2 – 12），可求得在 50 年设计基准期内持久性活荷载的最大值概率分布为：

$$
\begin{aligned}
F_{L_{iT}}(x) &= \{\exp\{-\exp[-0.0072(x-306)]\}\}^5 \\
&= \exp\{-\exp[-0.0072(x-306-\ln 5/0.0072)]\} \\
&= \exp\{-\exp[-0.0072(x-529.6)]\} \qquad (2-13)
\end{aligned}
$$

其分布参数 $\alpha_T = \alpha$，$\beta_T = \beta + \ln 5/\alpha = 529.6$；

相应的平均值 $\mu_{L_{iT}} = \beta_T + 0.5772/\alpha_T = 609.8$；

标准差、变异系数 $\sigma_{L_{iT}} = \sigma_{L_i} = 178.1$，$\delta_{L_{iT}} = 178.1/609.8 = 0.29$。

2. 临时性活荷载 $L_r(t)$

办公楼临时性活荷载在设计基准期 T 内的平均出现次数很多，持续时间较短，荷载在时段内的出现概率 p 也很小，其样本函数经模型化后如图 2 – 7 所示。

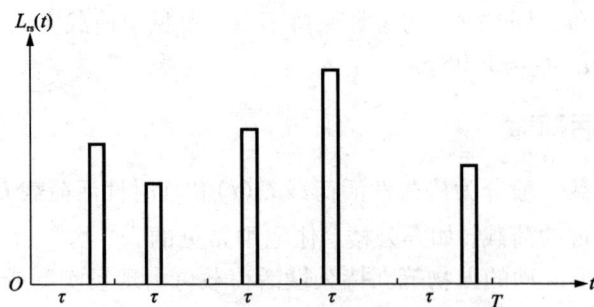

图 2 – 7　办公楼临时性活荷载的样本函数

对临时性活荷载的统计特性，包括荷载变化的幅度、平均出现次数 m、持续时段长度 τ 等，要取得精确资料是困难的。现已取得的资料，都是以用户的记忆为根据的，目前认为基本上反映了用户在其实际使用期 10 年内的极值数据。经调查，可粗略而偏安全地取 $m = 5$。对全部调查数据处理后，经统计假设检验，可认为在时段 10 年内，办公楼临时性活荷载 L_r 的概率分布亦服从极值 I 型。

$$F_{L_r}(x) = \exp\{-\exp[-0.0053(x-245.5)]\} \tag{2-14}$$

其平均值 $\mu_{L_r} = 355.2$，标准差 $\sigma_{L_r} = 243.7$，变异系数 $\delta_{L_r} = 0.69$。

临时性活荷载 $L_r(t)$ 以 10 年时段最大临时性活荷载 L_r 的概率分布为基础，这时取 $m = 5$，利用式(2-7)可得设计基准期最大临时性活荷载 L_{rT} 的概率分布函数为：

$$F_{L_{rT}}(x) = \{\exp\{-\exp[-0.0053(x-245.5)]\}\}^5$$
$$= \exp\{-\exp[-0.0053(x-551.3)]\} \tag{2-15}$$

其平均值 $\mu_{L_{rT}} = 661$，标准差 $\sigma_{L_{rT}} = 243.7$，变异系数 $\delta_{L_{rT}} = 0.37$。

2.3.3　风荷载

在全国 18 个省、市、自治区沿海和内陆的 29 个气象台站共收集了 656 年次的年标准风速和风向的记录，以及 27 个模型风洞试验的资料作为统计依据。

风荷载根据风压确定，而风压是按上述气象台站的风速资料换算而得的。根据现行荷载规范规定的标准，风速取离地面 10 m 高度处自记 10 min 的平均最大风速。从风速经换算可得风压，按流体力学理论为

$$W_0 = \frac{\gamma}{2g}v_{10}^2 \tag{2-16}$$

式中，W_0 为风压(Pa)；v_{10} 为标准风速(m/s)；$\gamma/2g$ 为风压系数，其中，γ 是空气重度(N/m^3)，g 是重力加速度(m/s^2)。

此处的风压系数，按现行荷载规范规定取 1/16。由此求得的风压值，对个别台站稍偏大，但对统计结果的影响甚微。为使统计结果对全国各地区具有普遍适用性，以无量纲参数 $K_W = W_{0y}/W_{0k}$ 作为风压的基本统计对象，其中 W_{0y} 为实测的不按风向的年最大稳定风压值，W_{0k} 为现行规范规定的基本风压值。

根据 29 个气象台站的不考虑风向的年最大风压的资料，经 K-S 法检验，在显著性水平 $\alpha = 0.05$ 下，可认为其概率分布服从极值 I 型：

$$F_{W'_{0y}}(x) = \exp\left[-\exp\left(-\frac{x-0.364W_{0k}}{0.157W_{0k}}\right)\right] \tag{2-17}$$

其平均值 $\mu_{W'_{0y}} = 0.455W_{0k}$，标准差 $\sigma_{W'_{0y}} = 0.202W_{0k}$，变异系数 $\delta_{W'_{0y}} = 0.444$。

事实上，风是有方向性的。由于历年的最大风压并不一定作用在同一个方向上(对于大部分结构物，只需考虑一个方向承受的最大风压)，而上述的年最大风压分布中并没有考虑风向，因此统计值偏高。为了分析风向对风压的影响，首先确定历年的月最大风速，然后确定与其相对应的风向。分析表明，在主导风向上年最大风压亦服从极值 I 型分布。

设风向对年最大风压平均值的影响系数为：

$$C = \frac{\mu_{W_{0y}}}{\mu_{W'_{0y}}} \tag{2-18}$$

式中：$\mu_{W_{0y}}$ 为主导风向上年最大风压平均值。

根据各气象台站统计分析，考虑主导风向对风压平均值的影响系数 C，取 $C = 0.9$。这样，考虑风向后的年最大风压的统计参数为：平均值 $\mu_{W_{0y}} = 0.9\mu_{W'_{0y}} = 0.41W_{0k}$，标准差 $\sigma_{W_{0y}} = 0.182W_{0k}$，变异系数 $\delta_{W_{0y}} = 0.444$。按上述统计参数求得考虑风向影响的年最大风压概率分布为

$$F_{W_{0y}}(x) = \exp\left[-\exp\left(-\frac{x - 0.328W_{0k}}{0.142W_{0k}}\right)\right] \tag{2-19}$$

年最大风荷载 W_y 可根据年最大风压 W_{0y}，并考虑结构的体型系数 k 和高度变化系数 k_z 确定，即

$$W_y = kk_z W_{0y} \tag{2-20}$$

其中，系数 k 和 k_z 也是随机变量，根据风洞试验资料的统计分析。假定年最大风荷载的分布类型与风压相同，亦服从极值 I 型，则

不按风向时

$$F_{W_y'}(x) = \exp\left\{-\exp\left[-\frac{x - 0.359W_k}{0.167W_k}\right]\right\} \tag{2-21}$$

按风向时

$$F_{W_y}(x) = \exp\left\{-\exp\left[-\frac{x - 0.323W_k}{0.151W_k}\right]\right\} \tag{2-22}$$

在设计基准期 50 年内，年最大风荷载接近每年出现一次，故取 $m = 50$，其随机过程的样本函数如图 2-8 所示。

图 2-8　年最大风荷载的样本函数

根据式（2-7）可求得设计基准期最大风荷载 W_T 的概率分布函数为

不按风向时

$$F_{W_T'}(x) = \left[F_{W_y'}(x)\right]^{50} = \exp\left\{-\exp\left[-\frac{x - 1.012W_k}{0.167W_k}\right]\right\} \tag{2-23}$$

其平均值 $\mu_{W_T'} = 1.109W_k$，标准差 $\sigma_{W_T'} = 0.214W_k$，变异系数 $\delta_{W_T'} = 0.193$。

按风向时

$$F_{W_T}(x) = \left[F_{W_y}(x)\right]^{50} = \exp\left\{-\exp\left[-\frac{x - 0.912W_k}{0.151W_k}\right]\right\} \tag{2-24}$$

其平均值 $\mu_{W_T} = 1.00W_k$，标准差 $\sigma_{W_T} = 0.193W_k$，变异系数 $\delta_{W_T} = 0.193$。

以上是编制我国《建筑结构设计统一标准》（GBJ 68—1984）时，标准编制组对我国建筑结构恒载、楼面活荷载、风荷载等荷载的实测和统计分析，20 世纪 90 年代和 21 世纪初先后两次对统一标准进行了修订，对部分荷载统计分析结果进行了调整。

2.3.4　常遇荷载的统计分析结果

荷载的统计分析结果通常采用平均值与标准值比值和变异系数两个无量纲的统计参数来

表示,表 2 - 6 为房屋建筑结构常遇荷载的统计参数及概率分布类型。

表 2 - 6　常遇荷载的统计参数及概率分布类型

荷载种类		概率分布类型	设计基准期内平均出现次数 m(次)	任意时点荷载		设计基准期最大荷载	
				平均值/标准值(k_{Q_i})	变异系数(δ_{Q_i})	平均值/标准值(δ_{Q_T})	变异系数(δ_{Q_T})
恒荷载 G		正态	1	1.060	0.070	1.060	0.070
持久性楼面活荷载 L_i	办公楼	极值Ⅰ型	5	0.193	0.406	0.305	0.212
	住宅	极值Ⅰ型	5	0.252	0.471	0.353	0.229
临时性楼面活荷载 L_r	办公楼	极值Ⅰ型	5	0.178	0.441	0.331	0.369
	住宅	极值Ⅰ型	5	0.234	0.523	0.392	0.322
风荷载 W	不按风向	极值Ⅰ型	50	0.413	1.109	1.007	0.193
	按风向	极值Ⅰ型	50	0.372	0.999	0.907	0.193
雪荷载 S		极值Ⅰ型	50	0.359	0.712	1.139	0.225

2.4　公路桥梁结构荷载的统计分析结果

2.4.1　公路桥梁恒载

公路桥梁恒载指钢筋混凝土和预应力混凝土梁式桥的上部结构自重,由构件自重和桥面自重两部分组成。为了使统计结果适用于各种构件和桥梁,采用无量纲参数作为统计分析对象。构件和桥面重量采用 $K_G = G/G_k$,其中 G 为实测的构件重,G_k 为现行规范规定的标准重力密度乘以构件设计体积;桥面重力密度采用 $K_r = r/r_k$,其中 r 为实测桥面重力密度,r_k 为现行规范规定的桥面标准重力密度。

根据统计分析及分布假设检验,结果表明桥梁的恒荷载服从正态分布,统计参数及概率分布如表 2 - 7 所示。

表 2 - 7　恒荷载统计参数及概率分布类型

恒荷载种类		概率分布类型	平均值/标准值 K_G 或 K_r	变异系数 V_G 或 V_r
构件重		正态	1.0212	0.0462
水泥混凝土桥面	重力密度	正态	0.987	0.0397
	自重		0.9865	0.098

续表 2 – 7

恒荷载种类		概率分布类型	平均值/标准值 K_G 或 K_r	变异系数 V_G 或 V_r
沥青混凝土桥面	重力密度	正态	0.9991	0.0436
	自重		0.9891	0.1114

2.4.2　车辆荷载

车辆荷载以多个参数(车重或轴重、车间距、轴距)影响着桥梁结构的效应,直接引入桥梁可靠度计算,有较大困难。为此,可通过对不同桥型、各种跨径的大量计算求得具有控制作用的各类荷载效应。计算分一般运行状态和密集运行状态两种情况进行。为了使统计结果适用于各类桥型和各种跨径,取与现行规范的标准荷载效应值的比值做效应的统计分析,即以无量纲参数 $K_{S_Q} = S_Q / S_{QK}$ 为统计分析对象,其中 S_Q 为实测车辆荷载计算的效应值,S_{QK} 为现行规范规定的标准车辆荷载计算的效应值。用 K – S 检验法或小样本检验法进行截口分布拟合检验,设计基准期的最大值分布根据截口分布选用了两个分布类型。汽车荷载效应统计分析结果如表 2 – 8 所示。

表 2 – 8　汽车荷载效应统计参数及概率分布函数

随机情况	运行状态	效应种类	概率分布类型	平均值/标准值 K_{S_Q}	变异系数 V_Q
截口分布	一般运行	弯矩	威布尔分布	0.2993	0.3598
		剪力		0.2629	0.3659
	密集运行	弯矩	正态分布	0.5522	0.1248
		剪力		0.5202	0.1063
设计基准期最大值分布	一般运行	弯矩	正态分布	0.6684	0.1994
		剪力		0.5925	0.2008
		弯矩	极值 I 型	0.6861	0.1569
		剪力		0.6083	0.1581
	密集运行	弯矩	正态分布	0.7882	0.1082
		剪力		0.7069	0.0964
		弯矩	极值 I 型	0.7995	0.0862
		剪力		0.7187	0.0769

2.4.3　人群荷载

公路桥梁人群荷载是作用于结构上随时间变化的可变作用,一般应采用随机过程概率模型描述。

采用的方法是以人群荷载实测值与标准值的比值 $K_L = L / L_{Ki}$ 作为统计分析参数。通过对人行道上任意划出 2 m² 面积和 10 m、20 m、30 m 观测段统计分析,用 K-S 检验法进行截口分布的拟合检验,结果表明人群荷载服从极值 I 型分布。其分布函数为:

$$F_L(x) = \exp\left\{-\exp\left[-\frac{x - \beta L_{K_i}}{\alpha L_{K_i}}\right]\right\} \tag{2-25}$$

式中:α、β 为分布参数;L_{K_i} 为一般情况的公路桥梁人群荷载标准值。

由平稳二项随机过程和极值 I 型函数的性质,设计基准期内最大值概率分布 $F_{L_T}(x)$ 为:

$$
\begin{aligned}
F_{L_T}(x) &= [F_L(x)]^m = \exp\left\{-\exp\left[-\frac{x-\beta}{\alpha}\right]\right\}^m \\
&= \exp\left\{-\exp\left[-\frac{x-\beta}{\alpha} + \ln m\right]\right\} \\
&= \exp\left\{-\exp\left[-\frac{x-(\beta+\alpha\ln m)}{\alpha}\right]\right\} \\
&= \exp\left\{-\exp\left[-\frac{x-\beta_T}{\alpha_T}\right]\right\}
\end{aligned}
\tag{2-26}
$$

式中:α_T、β_T 为设计基准期最大值分布参数,$\alpha_T = \alpha$,$\beta_T = \beta + \alpha\ln m$,对于公路桥梁结构,$m = 100$。$L_{K_i}$ 定义同式(2-38)。

分析表明,观测段 10 m、20 m、30 m 的结果相近,不一一列出,仅将截口分布和设计基准期分布函数和统计参数的 2 m² 和观测段 10 m 的统计分析结果列于表 2-9。

表 2-9　人群荷载统计参数及概率分布

统计项目	随机情况	标准值 L_{K_i}	分布类型	平均值/标准值 K_L	变异系数 V_L
2 m²	截口分布	3.0	极值 I 型	0.5786	0.3911
		3.5		0.4959	0.3911
	设计基准期分布	3.0	极值 I 型	0.5786	0.3911
		3.5		0.4959	0.3911
观测段 10 m	截口分布	3.0	极值 I 型	0.1571	0.9356
		3.5		0.1346	0.9356
	设计基准期分布	3.0		0.6847	0.2146
		3.5		0.5869	0.2146

2.4.4　车辆冲击力

在移动车辆作用下,桥梁将在空间的竖向、纵向和横向三个方向产生振动、冲击等动力效应。通常把竖向动力效应称为车辆荷载对桥梁结构的冲击力;把纵向动力效应称为车辆荷载对桥梁结构的制动力;把横向动力效应称为车辆荷载对桥梁结构的摇摆力。

就桥梁承受移动车辆荷载的竖向作用而言,从工程设计角度,桥梁各构件截面中总的竖向车辆荷载效应等于车辆荷载静力效应与动力效应之和。按惯例,在国内外的各种桥梁设计规范中,均采用在车辆荷载竖向静力效应的基础上乘以一个增大系数作为移动车辆荷载的竖

向动力效应,即

$$S_z = (1 + \mu) S_j \qquad (2-27)$$

式中:S_z 为在移动车辆荷载作用下,桥梁结构在竖向产生的总荷载效应;

　　　S_j 为在移动车辆荷载作用下,桥梁结构在竖向产生的静力效应;

　　　$(1+\mu)$ 为移动车辆荷载对桥梁结构产生的竖向动力效应的增大系数。(通常将$(1+\mu)$定义为冲击系数)。从现场实测与理论研究得知,每次移动车辆过桥时,对桥梁结构产生的最大竖向动力效应均出现在最大竖向静力效应处,因此,在取得每次移动车辆过桥时的应变(应力或挠度)的时间历程曲线的基础上,冲击系数$(1+\mu)$可用下列公式来描述,即

$$1 + \mu = \frac{Y_{dmax}}{Y_{jmax}} \qquad (2-28)$$

式中:Y_{jmax} 为最大竖向静力效应处的静力应变的最大值;

　　　Y_{dmax} 为与 Y_{jmax} 对应的动应变的最大值。

　　众所周知,影响公路桥梁冲击系数的因素很多,例如汽车荷载流的流量大小、车辆间距、轴重大小、行驶速度、车辆的横向位置、车辆的动力特性等。这些因素都具有明显的不确定性,其至有些是根本无法预知的。同时,汽车荷载流通过桥梁时具有的初始条件和桥面的平整度等因素,也具有明显的不确定性。它们都是移动车辆荷载激振和对桥梁结构产生振动、冲击等的最重要的随机因素。因此,公路桥梁冲击系数本身就具有明显的随机性。

　　根据统计资料分析表明,公路桥梁车辆冲击系数服从极值 I 型分布,即

$$F(x) = \exp\{-\exp[-\alpha(x-\beta)]\} \qquad (2-29)$$

式中:α 为样本数据的离散性系数;β 为众数。

2.4.5　风荷载

　　年最大风荷载 W_y 是在年最大风压 W_{0y} 的基础上经计算确定:

$$W_y = K_1' K_2' K_3' W_{0y} \qquad (2-30)$$

其中 K_1',K_2',K_3' 都是随机变量,其意义及统计参数为:

　　K_1' 为风载阻力系数,相当于现行规范中的风载体型系数 K_2,其平均值 $m_{K_1'}$ 可取现行规范值 K_2(视为平均值 m_{K_2})及 $m_{K_1'} = K_2$,变异系数为 $V_{K_1'} = 0.12$;

　　K_2' 为广义阵风系数,考虑了现行规范的风压高度变化系数 K_3 和瞬时脉动风压对桥梁的不利影响,其平均值约为 K_3(视为平均值 m_{K_3})的 1.64 倍,即 $m_{K_2'} = 1.64 K_3$,变异系数取 $V_{K_2'} = 0.1$;

　　K_3' 为地形地理条件系数,即为现行规范的 K_4(视为平均值 m_{K_4}),其平均值 $m_{K_3'} = K_4$,变异系数 $V_{K_3'} = 0.02$。

　　由此,年最大风荷载的平均值为:

$$\begin{aligned}
m_{W_y} &= m_{K_1'} m_{K_2'} m_{K_3'} m_{W_{0y}} \\
&= 1.64 \times 0.298 K_2 K_3 K_4 W_{0K} \\
&= 0.489 W_K
\end{aligned}$$

式中:W_K 为现行规范的风荷载标准值。

　　年最大风荷载的变异系数为:

$$V_{W_y} = \sqrt{V_{K_1'}^2 + V_{K_2'}^2 + V_{K_3'}^2 + V_{W_{0y}}^2}$$

$$= \sqrt{0.12^2 + 0.1^2 + 0.02^2 + 0.356^2}$$

$$= 0.389$$

标准差：

$$\sigma_{W_y} = m_{W_y} V_{W_y}$$

$$= 0.489 \times 0.389 W_K$$

$$= 0.190 W_K$$

假定年最大风荷载的分布类型与风压的分布类型相同，服从极值 I 型分布，则它的概率分布函数为：

$$F_{W_y}(x) = \exp\left\{ -\exp\left[-\frac{(x - 0.404 W_K)}{0.148 W_K} \right] \right\} \tag{2-31}$$

上式为风荷载的截口分布，由此可得设计基准期内最大风荷载 W_T 的概率分布函数：

$$F_{W_T}(x) = [F_{W_y}(x)]^{100} = \exp\left\{ -\exp\left[-\frac{(x - 1.086 W_K)}{0.148 W_K} \right] \right\} \tag{2-32}$$

设计基准期内最大风荷载的统计参数为：

平均值 $m_{W_T} = 1.171 W_K$

标准值 $\sigma_{W_T} = 0.190 W_K$

变异系数 $V_{W_T} = 0.162$

2.4.6　温度作用

桥梁结构的温度作用问题越来越引起桥梁界的重视。各国在制定设计规范时，都不同程度地考虑了温度的作用。众所周知，"桥梁温度作用"与气温是分不开的，因为桥梁结构外表面与外界环境无时不进行着热交换，这种热交换将通过桥梁结构外表传递到内部，使桥梁结构的温度随时发生变化。对工程设计人员来说，控制气温所引起的结构温度的关键是控制温度，即最高有效温度和最低有效温度。

通过对我国各气象站气象资料的调查和收集，并进行统计分析和相应验证后，表明地区的年平均气温分布服从极值 I 型。极值 I 型的分布函数为：

$$F(x) = \exp\{ -\exp[-(x - \beta)/\alpha] \} \tag{2-33}$$

式中：α、β 为分布参数。

1. 年最高和最低平均气温的统计特征

根据《公路工程结构可靠度设计统一标准》，各地区的年最高和最低气温的概率分布及统计参数如表 2-10 和表 2-11 所示。

2. 设计基准期气温的统计特征

利用极值 I 型分布最大值分布函数与原始分布的关系，由年最高和最低日平均气温的分布函数和统计参数，经计算可分别得到设计基准期的概率分布函数及统计参数，如表 2-12 和表 2-13 所示。

表 2 – 10　年最高日平均气温的概率分布及统计参数

地区（项目）	分布类型	统计参数		
		平均值 m	标准差 σ	变异系数 V
华北地区（北京）	极值 I 型	30.0	1.00	0.033
东北地区（哈尔滨）	极值 I 型	27.3	1.08	0.040
西北地区（兰州）	极值 I 型	27.0	1.04	0.039
华东地区（上海）	极值 I 型	31.3	0.74	0.024
中南地区（广州）	极值 I 型	31.2	0.65	0.021
西南地区（成都）	极值 I 型	28.7	0.72	0.025

表 2 – 11　年最低日平均气温的概率分布及统计参数

地区（项目）	分布类型	统计参数		
		平均值 m	标准差 σ	变异系数 V
华北地区（北京）	极值 I 型	− 10.7	2.00	0.187
东北地区（哈尔滨）	极值 I 型	− 27.6	2.76	0.100
西北地区（兰州）	极值 I 型	− 11.5	1.85	0.161
华东地区（上海）	极值 I 型	− 3.2	1.49	0.466
中南地区（广州）	极值 I 型	− 5.8	1.56	0.269
西南地区（成都）	极值 I 型	− 1.3	1.06	0.815

表 2 – 12　设计基准期最高日平均气温的概率分布及统计参数

地区（项目）	分布类型	统计参数		
		平均值 m	标准差 σ	变异系数 V
华北地区（北京）	极值 I 型	33.6	1.00	0.020
东北地区（哈尔滨）	极值 I 型	31.2	1.08	0.035
西北地区（兰州）	极值 I 型	30.6	1.04	0.034
华东地区（上海）	极值 I 型	34.0	0.74	0.022
中南地区（广州）	极值 I 型	33.6	0.65	0.019
西南地区（成都）	极值 I 型	31.3	0.72	0.023

表 2 - 13 设计基准期最低日平均气温的概率分布及统计参数

地区(项目)	分布类型	统计参数		
		平均值 m	标准差 σ	变异系数 V
华北地区(北京)	极值 I 型	-17.9	2.00	0.112
东北地区(哈尔滨)	极值 I 型	-37.3	2.76	0.074
西北地区(兰州)	极值 I 型	-18.1	1.85	0.102
华东地区(上海)	极值 I 型	-8.5	1.49	0.175
中南地区(广州)	极值 I 型	-0.2	1.56	7.800
西南地区(成都)	极值 I 型	-2.5	1.06	0.424

3. 气温标准值

公路桥梁气温的标准值,按一般取值原则,取设计基准期最高和最低日平均气温概率分布的 0.95 分位值。如表 2 - 14 所示。

表 2 - 14 设计基准期日平均气温的概率分布的 0.95 分位值

地区(项目)	最高日平均气温(℃)	最低日平均气温(℃)	地区(项目)	最高日平均气温(℃)	最低日平均气温(℃)
华北地区	35.4	-21.6	华东地区	35.4	-2.70
东北地区	33.2	-42.4	中南地区	34.8	-11.2
西北地区	32.6	-21.2	西南地区	32.7	-4.50

从表 2 - 14 可以看出,最高日平均气温值都在 +33℃ 到 +35℃ 之间,仅相差 2℃ 左右,对全国而言,桥梁结构最高有效温度可取统一最高值。而最低日平均气温值则为 -3℃ 到 -43℃ 左右,相差太大,不能取全国统一值,只有分地区取用,才能反映真实情况。

重点与难点

---

1. 教学重点是结构上的作用及作用的分类,工程中常见荷载的统计分析结果。
2. 教学重点是可变作用的概率模型及统计分析方法。

思考与练习

---

1. 何谓结构上的作用?荷载与作用的概念有什么不同?
2. 工程结构设计中,如何对结构上的作用进行分类?
3. 荷载效应与荷载有何区别与联系?
4. 荷载的统计要素有哪些?
5. 简述将荷载概率模型简化为平稳二项随机过程模型的基本假定。

第3章

作用(荷载)代表值及荷载计算

3.1 荷载代表值

结构设计中,要考虑不同的设计状况和不同的极限状态,设计表达式中需要使用不同的荷载代表值。永久荷载应采用标准值作为代表值,可变荷载应采用标准值、组合值、频遇值和准永久值作为代表值。当设计上特殊需要时,亦可规定其他代表值。根据各种荷载的概率模型,荷载的各种代表值应具有明确的概率定义。

3.1.1 永久荷载标准值

永久荷载采用其标准值作为代表值。结构自重的标准值 G_k,永久荷载标准值一般相当于永久荷载概率分布的 0.5 分位值,即正态分布的平均值。一般按结构设计图样规定的尺寸和材料的平均重度进行计算。当自重的变异性很小时,可取其平均值。对某些自重变异性较大的结构,当其增加对结构不利时,采用高分位值作为标准值;当其增加对结构有利时,采用低分位值作为标准值。当结构受其自重控制且变异性的影响非常敏感时,即使变异性很小也必须采用两个标准值。所谓变异性系数很小是指不超过 0.05~0.1。

结构或非承重构件的自重由于其变异性不大,而且多为正态分布,一般以其分布的均值作为荷载标准值。对于现场制作的保温材料、防水材料、找平层、混凝土薄壁构件、铁路道砟等,尤其是制作屋面的轻质材料,考虑到结构的可靠性,在设计中应根据该荷载对结构有利或不利,分别取其自重的下限值或上限值。

3.1.2 可变荷载标准值

可变荷载标准值是荷载在设计基准期内可能出现的最大值,它是结构设计采用的可变荷载基本代表值。对于可变荷载,荷载标准值是确定其他代表值的基础,其他代表值是以标准值乘以相应的系数后得到,因此可变荷载标准值的确定非常重要。

理论上可变荷载标准值应按荷载最大值 Q_T 概率分布 $F_{Q_T}(x)$ 的某一分位值确定,如图 3-1 所示,即

$$F_{Q_T}(Q_k) = P\{Q_T \leqslant Q_k\} = p_k \qquad (3-1)$$

式中:Q_k 为可变荷载标准值;p_k 为不超越概率。

对自然作用如风、波浪、洪水、地震等,工程中常用重现期 T_R 表达可变作用的标准值。

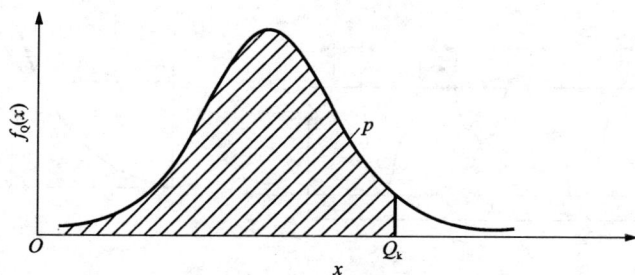

图 3 - 1　可变荷载标准值的定义

重现期是指连续两次超过标准值的平均时间间隔,习惯上称"T_R 年一遇"。荷载标准值 Q_k 与重现期 T_R 的关系如下

$$F_{Q_T}(Q_k) = 1 - \frac{1}{T_R} \qquad (3-2)$$

重现期与设计基准期 T 都是用来确定可变荷载标准值的时间,但二者是不同的,而是存在以下关系

$$T_R \approx \frac{1}{\ln(1/p)} T \qquad (3-3)$$

对于自然作用,按重现期和设计基准期相等的时间确定的标准值是不同的。

对于有明显界限值的有界作用,作用的标准值应取其界限值;对于目前缺乏或根本无法取得实测统计资料的作用,其标准值可以根据工程经验确定或由理论公式推算得出,又称为公称值(nominal)。

3.1.3　可变荷载的频遇值

由于可变荷载的标准值表征的是作用在设计基准期内的最大值,因此在承载能力极限状态设计时,经常是以其标准值为代表值。但是,在正常使用极限状态设计时,例如房屋结构适用性要求中,短暂时间内超越适用性限值往往是被允许的,此时用标准值作为代表值就显得与实际要求不相符合了;在某些正常使用极限状态设计中,设计到的是影响构件耐久性问题,此时在设计基准期内的超越荷载某个值的次数往往是关键的参数。在设计基准期内被超越的总时间占设计基准期的比率较小的荷载值;或被超越的频率限制在规定频率内的作用值,称为可变荷载的频遇值。可通过频遇值系数($\psi_f \leqslant 1$)对荷载标准值的折减来表示。可变荷载的频遇值记为 $\psi_f Q_k$。

1. 按荷载值被超越的总持续时间与设计基准期的规定比率确定频遇值

在可变荷载的随机过程的分析中,将荷载值超过某水平 Q_x 的总持续时间 $T_x = \sum\limits_{i \geqslant 1} t_i$ 与设计基准期 T 的比率 $\eta_x = \dfrac{T_x}{T}$ 来表征频遇值作用的短暂程度,如图 3 - 2(a)所示。可变荷载在非零时域内任意时点作用值 Q^* 的概率分布函数 $F_{Q^*}(x)$,超过 Q_x 水平的概率 p^*,如图 3 - 2(b)所示。可按下式确定

$$p^* = 1 - F_{Q^*}(Q_x) \qquad (3-4)$$

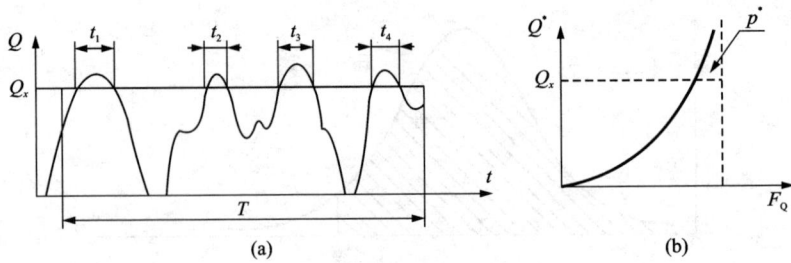

图 3 - 2   超越可变荷载频遇值的时间和概率

(a) 超越时间；(b) 超越概率

对各态历经的随机过程，存在下列关系

$$\eta_x = p^* q \qquad (3-5)$$

式中：q 为荷载 Q 的非零概率。

当 η_x 为规定值时，相应的荷载水平 Q_x 可按下式确定：

$$Q_x = F_{Q^*}^{-1}\left(1 - \frac{\eta_x}{q}\right) \qquad (3-6)$$

对与时间有关联的正常使用极限状态，荷载的频遇值可考虑按这种方式取值，当允许某些极限状态在一个较短的持续时间内被超越，或在总体上不长的时间内被超越，就可采用较小的 η_x（不大于 0.1），按式（3-6）计算可变荷载的频遇值 $\psi_f Q_k$。

2. 按荷载被超越的总频数或单位时间平均超越次数（跨阈率）确定频遇值

在可变荷载的随机过程的分析中，将荷载值超过某水平 Q_x 的次数 n_x 或单位时间内的平均超越次数 $\nu_x = n_x / T$（跨阈率）来表征频遇值出现的疏密程度，如图 3-3 所示。

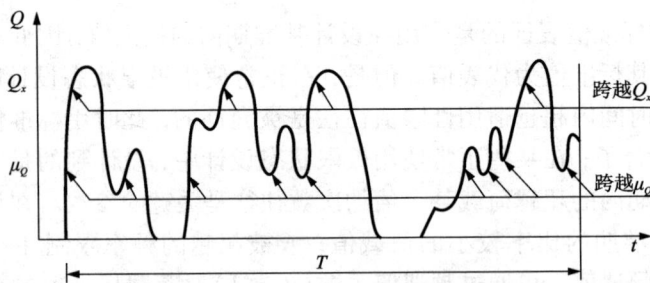

图 3 - 3   以跨阈率定义可变荷载频遇值

跨阈率可通过直接观察确定，也可以应用随机过程的某些特性间接确定。当任意时点荷载 Q^* 的均值 μ_{Q^*} 及其跨阈率 ν_m 已知，而且荷载是高斯平稳各态历经的随机过程，则对应于跨阈率 ν_x 的荷载水平 Q_x 可按下式确定

$$Q_x = \mu_{Q^*} + \sigma_{Q^*}\sqrt{\ln(\nu_m / \nu_x)^2} \qquad (3-7)$$

对与荷载超越次数有关联的正常使用极限状态，荷载的频遇值 $\psi_f Q_k$ 可考虑按这种方式取值，当结构振动时涉及人的舒适性、影响非结构构件的性能和设备的使用功能等的极限状

态,都可以采用频遇值衡量结构的正常性。目前,在工程设计中还少有应用,只是在个别问题中得到采用,而且取值大多也是根据经验。

3.1.4　可变荷载的准永久值

指在设计基准期内被超越的总时间占设计基准期的比率较大的荷载值,可通过准永久值系数($\psi_q \leqslant 1$)对荷载标准值的折减来表示,可变荷载的准永久值记为 $\psi_q Q_k$。可变荷载的准永久值是表征其经常在结构上存在的持久部分,是按正常使用极限状态长期效应组合设计时采用的荷载代表值。准永久值反映了可变荷载的一种状态,其取值是按可变荷载出现的频繁程度和持续时间长短。当在结构上出现的持久部分能够明显识别的情况,可以通过数据的汇集和统计来确定准永久值;对于不易识别的情况,可以参照确定频遇值的原则,一般是按在设计基准期 T 内荷载达到和超过该值的总持续时间 T_Q 与 T 的比值来确定,此时,比值可取 0.5。当可变荷载可认为是各态历经的随机过程时,准永久值 $\psi_q Q_k$ 可直接按式(3-6)确定。

3.1.5　可变荷载组合值

可变荷载标准值是结构设计基准期内可能出现的最大值,当结构构件承受两种或两种以上可变荷载时,同时以最大值出现的概率很小,可采用可变荷载组合值。设计中将两种或两种以上可变荷载的效应进行叠加是不合理的,通常采用低于荷载标准值的代表值,使组合后的荷载效应的超越概率与该荷载单独出现时其标准值效应的超越概率趋于一致的荷载值;或组合后使结构具有规定可靠指标的荷载值,称为荷载组合值。可通过组合值系数($\psi_c \leqslant 1$)对荷载标准值的折减来表示。可变荷载组合值记为 $\psi_c Q_k$。

可变荷载近似采用等时段荷载组合模型,假设所有可变荷载 $Q(t)$ 的随机过程都是由等时段 τ 组成的矩形波平稳各态历经过程,如图 3-4 所示。根据各个荷载在设计基准期内的时段数 r 的大小将荷载排序,在诸荷载的组合中必然有一个荷载取其最大值 Q_{max},而其他荷载则分别取各自的时段最大荷载或任意时点荷载,统称为荷载组合值 Q_c。按设计值方法的原理,最大荷载的设计值 Q_{maxd} 和荷载组合设计值 Q_{cd} 为

$$Q_{maxd} = F_{Q_{max}}^{-1} \left[\Phi(0.7\beta) \right] \tag{3-8-1}$$

$$Q_{cd} = F_{Q_c}^{-1} \left[\Phi(0.28\beta) \right] \tag{3-8-2}$$

$$\psi_c = \frac{Q_{cd}}{Q_{maxd}} \tag{3-8-3}$$

对于极值型的作用,相应的组合系数计算公式如下

$$\psi_c = \frac{1 - 0.78\nu\{0.577 + \ln[-\ln(\Phi(0.28\beta))] + \ln r\}}{1 - 0.78\nu\{0.577 + \ln[-\ln(\Phi(0.7\beta))]\}} \tag{3-8-4}$$

式中:β 为可靠指标;ν 为荷载最大值的变异系数。

3.2　房屋建筑结构荷载

建筑结构的荷载按时间变化可分为永久荷载、可变荷载和偶然荷载,如表 2-1 所示,《建筑结构荷载规范》(GB 50009—2012)将地震作用作为特殊荷载未列入。建筑结构设计时,对永久荷载应采用标准值作为代表值;对可变荷载应根据设计要求采用标准值、组合值、频

遇值或准永久值作为代表值；对偶然荷载应按建筑结构使用的特点确定其代表值。

荷载代表值的取值原则将在下一章论述。

3.2.1　永久荷载（恒荷载）

永久荷载包括结构构件、围护构件、面层及装饰、固定设备（电梯及自动扶梯，采暖、空调及给排水设备，电器设备、管道、电缆及其支架等）、长期储物的自重，土压力、水位不变的水压力，以及其他需要按永久荷载考虑的荷载。固定隔墙的自重可按永久荷载考虑，位置可灵活布置的隔墙自重应按可变荷载考虑。

结构自重的标准值可按结构构件的设计尺寸与材料单位体积的自重计算确定。一般材料和构件的单位自重可取其平均值，对于自重变异较大的材料和构件，自重的标准值应根据对结构的不利或有利状态，分别取上限值和下限值。民用建筑二次装修很普遍，而且增加的荷载较大，在计算面层及装修自重时必须考虑二次装修的自重。常用材料和构件单位体积的自重可按《建筑结构荷载规范》（GB 50009—2012）附录A[9]采用，这里给出了17大类常用建筑材料和构件的单位自重。

3.2.2　楼面和屋面活荷载

民用建筑楼面活荷载是指建筑物中的人群、家具、设施等产生的重力作用，这些荷载的量值随时间发生变化，位置也是可以移动的。楼面活荷载按随时间变异的特点，分为持久性和临时性两部分。持久性活荷载是指楼面上在某个时段内基本保持不变的荷载，如住宅内的家具、物品、常住人员等，这些荷载在住户搬迁入住后一般变化不大；临时性活荷载是指楼面上偶尔出现的短期荷载，如聚会的人群、装修材料的堆积等。《建筑结构荷载规范》（GB 50009—2012）中表5.1.1给出了13类民用建筑楼面活荷载的标准值、组合值系数、频遇值系数和准永久值系数。

作用在楼面上的活荷载不可能以标准值的大小同时满布在所有的楼面上，因此设计梁、墙、柱和基础时，还应根据构件的荷载从属面积对楼面活荷载标准值进行折减，折减系数按《建筑结构荷载规范》（GB 50009—2012）中5.1.2条规定取值。

工业建筑楼面在生产使用或安装检修时，由设备、管道、运输工具及可能拆除的隔墙产生的局部荷载，均应按实际情况考虑，可采用等效均布荷载代替。对设备位置固定的情况，可直接按固定位置对结构进行计算，但应考虑因设备安装和维修过程中的位置变化可能出现的最不利效应。工业建筑楼面堆放原料或成品较多、较重的区域，应按实际情况考虑；一般的堆放情况可按均布活荷载或等效均布活荷载考虑。等效均布活荷载按《建筑结构荷载规范》（GB 50009—2012）中附录C方法进行计算。

房屋建筑的屋面可分为上人屋面和不上人屋面，同时屋面由于环境和功能的需要时可能会设有屋顶花园、运动场地或直升机停机坪。不上人的屋面均布活荷载，可不与雪荷载和风荷载同时组合。房屋建筑的屋面水平投影面上的屋面均布活荷载的标准值、组合值系数、频遇值系数和准永久值系数按《建筑结构荷载规范》（GB 50009—2012）中表5.3.1的规定。屋面直升机停机坪荷载应按局部荷载考虑，或根据局部荷载换算为等效均布活荷载考虑，局部荷载标准值应按直升机实际最大起飞重量确定，当没有机型技术资料时，可按《建筑结构荷载规范》（GB 50009—2012）中表5.3.2的规定。

　　设计生产中有大量排灰的厂房及其邻近建筑时，对于具有一定除尘设施和保证清灰制度的机械、冶金、水泥等的厂房屋面，其水平投影面上的屋面积灰荷载的标准值、组合值系数、频遇值系数和准永久值系数按《建筑结构荷载规范》（GB 50009—2012）中表 5.4.1-1 和表 5.4.1-2 采用。对于屋面上易形成灰堆处，如高低跨、天沟等处，设计屋面板、檩条时，积灰荷载标准值应乘以规定的增大系数。积灰荷载应与雪荷载或不上人屋面均布活荷载两者的较大值同时考虑。

　　施工和检修荷载应按下列规定采用：

　　（1）设计屋面板、檩条、钢筋混凝土挑檐、悬挑雨篷和预制小梁时，施工或检修集中荷载标准值不应小于 1.0 kN，并应在最不利位置处进行验算；

　　（2）对于轻型构件或较宽的构件，应按实际情况验算，或应加垫板、支撑等临时设施；

　　（3）计算挑檐、悬挑雨篷的承载力时，应沿板宽每隔 1.0 m 施加一个集中荷载；在验算挑檐、悬挑雨篷的倾覆时，应沿板宽每隔 2.5~3.0 m 施加一个集中荷载。

　　楼梯、看台、阳台和上人屋面等的栏杆活荷载标准值，不应小于下列规定：

　　（1）住宅、宿舍、办公楼、旅馆、医院、托儿所、幼儿园，栏杆顶部的水平荷载应取 1.0 kN/m；

　　（2）学校、食堂、剧场、电影院、车站、礼堂、展览馆或体育场，栏杆顶部的水平荷载应取 1.0 kN/m，竖向荷载应取 1.2 kN/m，水平荷载和竖向荷载应分别考虑。

3.2.3　吊车荷载

　　工业厂房因工艺上的要求常设有桥式吊车，吊车荷载是对结构起控制作用的一种主要荷载。吊车荷载不仅随时间变化，其空间作用位置也是随机的，而且还涉及多台吊车随机相遇，宜采用随机过程的概率模型进行描述。吊车荷载与吊车类型、吊车的工作制有关，设计时应直接参照吊车制造厂的技术参数作为设计依据。

　　吊车竖向荷载标准值，应采用吊车的最大轮压或最小轮压。吊车纵向水平荷载标准值，应按作用在一边轨道上所有刹车轮的最大轮压之和的 10% 采用；荷载的作用点位于刹车轮与轨道的接触点，其方向与轨道方向一致。吊车横向水平荷载标准值，应取横行小车重量与额定起重量之和的百分数，并应乘以重力加速度；吊车横向水平荷载应等分于桥架的两端，分别由轨道上的车轮平均传至轨道，其方向与轨道垂直，并以应考虑正反两个方向的刹车情况。

　　计算排架时，考虑多台吊车的组合时，吊车的竖向荷载和水平荷载的标准值应乘以规定的折减系数。

3.2.4　雪荷载

　　影响雪荷载大小的主要因素是当地的地面积雪自重和结构上的积雪分布。屋面水平投影面的雪荷载标准值应按下式计算

$$s_k = \mu_r s_0 \tag{3-9}$$

式中，s_k 雪荷载标准值；s_0 为基本雪压；μ_r 为屋面积雪分布系数。

　　基本雪压应采用 50 年重现期的雪压，对于雪荷载敏感的结构，应采用 100 年重现期的雪压。全国各城市的基本雪压应按《建筑结构荷载规范》（GB 50009—2012）中附录 E 表 E.5 采

用。当城市或建设地点的基本雪压值表 E.5 未列出时，根据当地年最大雪压或雪深资料，通过统计分析确定。当缺乏最大雪压或雪深资料时，可比照规范附录 E 中附图 E.6.1 全国基本雪压分布图近似确定。

屋面积雪分布系数就是屋面水平投影面积上的雪荷载与基本雪压的比值，实际也就是地面基本雪压换算为屋面雪荷载的换算系数。它与屋面形式、朝向及风力等有关，其值应根据不同类别的屋面形式，按《建筑结构荷载规范》（GB 50009—2012）中表 7.2.1 采用。设计建筑结构及屋面的承重构件时，应按下列规定采用积雪的分布情况：

（1）屋面板和檩条按积雪不均匀分布的最不利情况采用；

（2）屋架和拱壳应分别按全跨积雪的均匀分布、不均匀分布和半跨积雪的均匀分布中最不利情况采用；

（3）框架和柱可按全跨积雪的均匀分布情况采用。

3.2.5　风荷载

风是空气相对于地面的运动，风的强度常用风速表示。当风以一定的速度向前运动遇到建筑物等阻碍时，将对阻碍物产生压力，即风压。风荷载是工程结构的主要侧向荷载之一，它不仅对结构物产生水平压力，还可能会引起振动效应。对于主要受力结构，风荷载标准值的表达有两种形式，一是采用平均风压加上由脉动风引起结构风振的等效风压；另一种是采用平均风压乘以风振系数。由于在高层建筑和高耸结构等悬臂型结构的风振计算中，往往第1 振型起主要作用，我国与大多数国家都是采用第二种形式计算风荷载标准值。对于围护结构，由于其刚度一般较大，在结构效应中可不必考虑其共振分量。

按规定的地貌、高度、时距等量测的风速所确定的风压称为基本风压。对房屋建筑取距地面 10 m 为标准高度；测定风速处的地貌要求空旷平坦、远离城市中心；风的卓越周期约为1 min，测量风速的时距采用 10 min，大约可覆盖 10 个周期的风速平均值。对于非标准条件下的风速或风压需要根据规定换算成标准条件下的风速或风压。

全国各城市的基本风压值应按《建筑结构荷载规范》（GB 50009—2012）附录 E 中表 E.5重现期为 50 年的值采用，但不得小于 0.3 kN/m²。对于高层建筑、高耸结构以及对风荷载比较敏感的其他结构，基本风压的取值应适当提高。当城市或建设地点的基本风压值表 E.5 未列出时，根据基本风压的定义和当地年最大风速资料，通过统计分析确定。当没有风速资料时，可比照规范附录 E 中附图 E.6.3 全国基本风压分布图近似确定。

1）顺风向风荷载标准值

垂直于建筑物表面上的风荷载标准值 w_k，应按下列规定确定：

（1）计算主要受力结构时，应按下式计算

$$w_k = \beta_z \mu_s \mu_z w_0 \tag{3-10}$$

式中：w_k 顺风向风荷载标准值；β_z 高度 z 处的风振系数；μ_s 风荷载体型系数；μ_z 风压高度变化系数；w_0 基本风压。

（2）计算围护结构时，应按下式计算

$$w_k = \beta_{gz} \mu_{s1} \mu_z w_0 \tag{3-11}$$

式中：β_{gz} 高度 z 处的阵风系数；μ_{s1} 风荷载局部体型系数。

在大气边界层内，风速随离地面高度增加而增大，规范采用风压高度变化系数加以考虑。当气压场随高度不变时,风速随高度增大的规律,主要取决于地面粗糙度和温度垂直梯度。通常认为在离地面高度为 300 ~ 550 m 时,风速不再受地面粗糙度的影响,也即达到梯度风速,该高度称为梯度风高度 H_G。地面粗糙程度可分为 A、B、C、D 四类:A 类指近海海面和海岛、海岸、湖岸及沙漠地区;B 类指田野、乡村、丛林、丘陵以及房屋比较稀疏的乡镇;C 类指有密集建筑群的城市市区;D 类指有密集建筑群且房屋较高的城市市区。对于平坦或稍有起伏的地形,风压高度变化系数应按《建筑结构荷载规范》(GB 50009—2012)中表 8.2.1 采用。对于山区、远海海面和海岛的建筑物或构筑物,风压高度变化系数还应考虑地形条件的修正。

风荷载体型系数是指作用在建筑物表面一定面积范围内所引起的平均压力(或吸力)与风流的速度压的比值。它主要与建筑物的体型和尺度有关,也与周围环境和地面粗糙度有关。对于不规则形状的固体,风荷载体型系数一般通过实验确定。鉴于原型实测的方法对结构设计不现实,目前只能根据相似性原理,在边界层风洞内对拟建的建筑物模型进行测试。《建筑结构荷载规范》(GB 50009—2012)中表 8.3.1 列出了 39 项不同类型的建筑物和各类结构体型单体风荷载体型系数,房屋和构筑物与表中的体型不同且无相关资料时,宜由风洞试验确定;对于重要且体型复杂的房屋和构筑物,应由风洞试验确定。

当多个建筑物,特别是群集的高层建筑,相互间距较近时,宜考虑风力相互干扰的群体效应;一般是将单独建筑物的体型系数 μ_s 乘以相互干扰系数。对于矩形平面高层建筑,当单个施扰建筑与受扰建筑高度相近时,根据施扰建筑的位置,对顺风向风荷载,相互干扰系数取值范围为 1.00 ~ 1.10,对横风向风荷载,相互干扰系数取值范围为 1.00 ~ 1.20。其他情况可比照类似条件的风洞试验资料确定,必要时宜通过风洞试验确定。

计算围护构件及其连接的风荷载时,封闭矩形平面房屋的墙面及屋面的局部体型系数 μ_{s1} 按《建筑结构荷载规范》(GB 50009—2012)中表 8.3.3 规定采用。檐口、雨篷、遮阳板、边棱处的装饰条等突出构件,局部体型系数 μ_{s1} 取 −2.0,其他房屋和构筑物,局部体型系数 μ_{s1} 取单体建筑体型系数 μ_s 的 1.25 倍取值。计算非直接承受风荷载的围护构件风荷载时,局部体型系数 μ_{s1} 可按构件的从属面积折减。

对于高度大于 30 m 且高宽比大于 1.5 的房屋,以及基本自振周期 T_1 大于 0.25 s 的各种高耸结构,应考虑风压脉动对结构顺风向风振的影响。顺风向风振响应计算应按结构随机振动理论进行。对于一般竖向悬臂型结构,例如高层建筑和构架、塔架、烟囱等高耸结构,均可仅考虑结构第一振型的影响,可采用风振系数法计算其顺风向风荷载。高度 z 处顺风向风振系数 β_z 可按下式计算

$$\beta_z = 1 + 2gI_{10}B_z \sqrt{1 + R^2} \qquad (3-12)$$

式中:g 为峰值因子,可取 2.5;I_{10} 为 10 m 高度名义湍流强度,对应 A 类、B 类、C 类和 D 类地面粗糙度,可分别取 0.12、0.14、0.23 和 0.39;R 为脉动风荷载的共振分量因子;B_z 为脉动风荷载的背景分量因子。

脉动风荷载的共振分量因子可按下式计算

$$R = \sqrt{\frac{\pi}{6\zeta_1} \frac{x_1^2}{(1 + x_1^2)^{4/3}}} \qquad (3-13)$$

$$x_1 = \frac{30f_1}{\sqrt{k_w w_0}}, \ x_1 > 5 \qquad (3-14)$$

式中：f_1 为结构第 1 阶自振频率（Hz）；

k_w 为地面粗糙度修正系数，对 A 类、B 类、C 类和 D 类地面粗糙度，可分别取 1.28、1.0、0.54 和 0.26；

ζ_1 为结构阻尼比，对钢结构可取 0.01，对有填充墙的钢结构房屋可取 0.02，对钢筋混凝土及砌体结构可取 0.05，对其他结构可根据工程经验确定。

对体型和质量沿高度均匀分布的高层建筑和高耸结构，脉动风荷载的背景分量因子可按下式计算：

$$B_z = kH^{a_1}\rho_x\rho_z\frac{\varphi_1(z)}{\mu_z} \qquad (3-15)$$

式中：$\varphi_1(z)$ 为结构第 1 振型系数；

H 为结构总高度（m），对 A 类、B 类、C 类和 D 类地面粗糙度，H 的取值分别不应大于 300 m、350 m、450 m 和 550 m；

ρ_x 为脉动风荷载水平方向相关系数；

ρ_z 为脉动风荷载竖直方向相关系数；

k，a_1 为系数，按《建筑结构荷载规范》（GB 50009—2012）中表 8.4.5-1 规定采用。

对迎风面和侧风面的宽度沿高度按直线或接近直线变化，而质量沿高度按连续规律变化的高耸结构，按式（3-15）计算的背景分量因子应乘以修正系数。振型系数应根据结构动力学计算确定。

计算围护结构的阵风系数，不再区分幕墙和其他构件，统一按下式计算：

$$\beta_{gz} = 1 + 2gI_{10}\left(\frac{z}{10}\right)^{-a} \qquad (3-16)$$

式中：z 为距地面的高度；a 为系数。

2）横风向风振等效风荷载 w_{L_k}

对于横风向风振作用效应明显的高层建筑以及细长圆形截面构筑物，宜考虑横风向风振的影响。判断高层建筑是否需要考虑横风向风振的影响，需要考虑建筑的高度、高宽比、结构自振频率及阻尼比等多种因素，并要借鉴工程经验及有关资料来判断。一般而言，建筑高度超过 150 m 或高宽比大于 5 的高层建筑可出现较为明显的横风向风振效应，并且效应随着建筑高度或高宽比增加而增加。细长圆形截面构筑物一般指高度超过 30 m 且高宽比大于 4 的构筑物。对于平面或立面体型较复杂的高层建筑和高耸结构，横风向风振的等效风荷载宜通过风洞试验确定；对于圆形截面高层建筑及构筑物，其由跨临界强风共振引起的横风向风振的等效风荷载可按《建筑结构荷载规范》（GB 50009—2012）中附录 H.1 方法确定；对于矩形截面及凹角或削角矩形截面的高层建筑，其横风向风振的等效风荷载可按《建筑结构荷载规范》（GB 50009—2012）中附录 H.2 方法确定。

3）扭转风振等效风荷载 w_{T_k}

扭转风荷载是由于建筑各个立面风压的非对称作用产生的，受截面形状和湍流度等因素的影响大。判断高层建筑是否需要考虑扭转风振的影响，主要考虑建筑的高度、高宽比、深宽比、结构自振频率结构刚度与质量的偏心等因素。建筑高度超过 150 m，同时满足高宽比大于或等于 3、深宽比大于等于 1.5 的高层建筑扭转风效应明显，宜考虑扭转风振的影响。对于体型复杂以及质量或刚度有显著偏心的高层建筑，扭转风振等效荷载宜通过风洞试验确定;对于质量和刚度较对称的矩形截面高层建筑,其扭转风振等效风荷载可按《建筑结构荷载规范》(GB 50009—2012)中附录 H.3 方法确定。

高层建筑结构在脉动风荷载作用下,其顺风向风荷载、横风向风振等效风荷载和扭转风振等效风荷载一般是同时存在的,但三种风荷载的最大值并不一定同时出现,因此设计时应考虑三种风荷载的组合工况,如表 3-1 所示。表中单位高度风力 F_{D_k}、F_{L_k} 及扭转 F_{T_k} 标准值按下式计算:

$$F_{D_k} = (w_{k_1} - w_{k_2})B \tag{3-17-1}$$

$$F_{L_k} = w_{L_k}B \tag{3-17-2}$$

$$F_{T_k} = w_{T_k}B^2 \tag{3-17-3}$$

式中:F_{D_k} 为顺风向单位高度风力标准值(kN/m);

F_{L_k} 为横风向单位高度风力标准值(kN/m);

F_{T_k} 为单位高度风致扭转标准值(kNm/m);

w_{k_1},w_{k_2} 为迎风面、背风面风荷载标准值(kN/m²);

w_{L_k},w_{T_k} 为横风向风振和扭转风振等效风荷载标准值(kN/m²);

B 为迎风面宽度(m)。

表 3-1 风荷载组合工况

工况	顺风向风荷载	横风向风振等效风荷载	扭转风振等效风荷载
1	F_{D_k}	—	—
2	$0.6F_{D_k}$	F_{L_k}	—
3	—	—	F_{T_k}

3.2.6 温度作用

温度作用是指结构或构件内温度的变化。当建筑物所处环境的温度发生变化,且结构或构件的热变形受到边界条件约束或相邻部分的制约,不能自由胀缩时,就会引起结构或构件产生一定的变形和附加力。引起温度作用的因素很多,结构设计时主要考虑气温变化和太阳辐射等由气候因素产生的温度作用。有散热设备的厂房、烟囱、储存热物的筒仓、冷库等使用热源的结构,其温度作用应由专门规范作规定。在结构构件任意截面上的温度分布,一般认为由三个分量叠加组成:均匀分布的温度分量、沿截面线性变化的温度分量(梯度温差)和非线性变化的温度分量。均匀温度作用对结构影响最大,也是设计最常考虑的。对室内外温差较大且没有保温隔热面层的结构,或太阳辐射较强的金属结构等,应考虑结构或构件的梯度温度作用,对体积较大或约束较强的结构,必要时应考虑非线性温度作用。

建筑结构设计时,应首先采取有效构造措施减少或消除温度作用,如设置结构的活动支座或节点、设置伸缩缝、采用隔热保温措施等。当结构或构件在温度作用和其他可能组合的荷载共同作用下产生的效应可能超过承载能力极限状态或正常使用极限状态时,如结构某一方向平面尺寸超过伸缩缝最大间距或温度区段长度结构约束较大、房屋高度较高等,结构设计中一般应考虑温度作用。

温度作用采用温度的变化表示。基本气温是确定温度作用的最主要的气象参数。基本气温采用 50 年重现期的月平均最高气温 T_{max} 和月平均最低气温 T_{min}。全国各城市的基本气温值可按《建筑结构荷载规范》(GB 50009—2012)附录 E 中表 E.5 采用。均匀温度作用的标准值按下列规定确定:

1) 对结构最大温升的工况,均匀温度作用标准值按下式计算

$$\Delta T_k = T_{s,max} - T_{0,min} \qquad (3-18-1)$$

式中: ΔT_k 为均匀温度作用标准值(℃);

$T_{s,max}$ 为结构最高平均温度(℃);

$T_{0,min}$ 为结构最低初始平均温度(℃)。

2) 对最大温降的工况,均匀温度作用标准值按下式计算

$$\Delta T_k = T_{s,min} - T_{0,max} \qquad (3-18-2)$$

式中: $T_{s,min}$ 为结构最低平均温度(℃);

$T_{0,max}$ 为结构最高初始平均温度(℃)。

结构最高平均温度 $T_{s,max}$ 和最低平均温度 $T_{s,min}$ 分别根据基本气温 T_{max} 和 T_{min} 按热工学的原理确定。对于有围护的室内结构,结构平均温度应考虑室内外温差的影响;对于暴露于室外的结构或施工期间的结构,宜依据结构的朝向和表面吸热性质考虑太阳辐射的影响。结构的结构最低初始平均温度 $T_{0,min}$ 和结构最高初始平均温度 $T_{0,max}$ 应根据结构的合拢或形成约束的时间确定,或根据施工时结构可能出现的温度按最不利确定。

3.2.7 偶然荷载

偶然荷载应包括爆炸、撞击、火灾及其他偶然出现的灾害引起的荷载。偶然荷载的设计原则,在建筑结构设计中主要依靠优化结构方案、增加结构冗余度、强化结构构造等措施,避免因偶然荷载作用引起结构发生连续倒塌。在结构分析和构件设计中是否需要考虑偶然荷载作用,要根据结构的重要性、结构类型及复杂程度等因素,由设计人员根据经验确定。

结构设计中应考虑偶然荷载发生时和偶然荷载发生后两种设计状况。首先,在偶然事件发生时应保证某些特殊部位的构件具备一定的抵抗偶然荷载的承载能力,结构构件受损可控。此时,结构在承受偶然荷载的同时,还要承担永久荷载、活荷载或其他荷载,应采用结构承载力设计的偶然荷载效应组合。其次,要保证在偶然事件发生后,受损结构能够承担对应于偶然设计状况的永久荷载和可变荷载,保证结构具有足够的整体稳固性,不致因偶然荷载引起结构连续倒塌,此时应采用结构整体稳固验算的偶然荷载效应组合。

由炸药、燃气、粉尘等引起的爆炸荷载宜按等效静力荷载采用。在常规炸药爆炸动荷载作用下,结构构件的等效均布静力荷载标准值。按下式计算

$$q_{ce} = K_{dc} p_c \qquad (3-19)$$

式中: q_{ce} 为作用在结构构件上的等效均布静力荷载标准值;

q_c 为作用在结构构件上的均布动荷载最大压力,可按《人民防空地下室设计规范》(GB 50038—2005)中第 4.3.2 条和第 4.3.3 条的有关规定采用;

K_{dc} 为动力系数。

对于具有通口板的房屋结构,当通口板面积与爆炸空间体积之比在 0.05 ~ 0.15 之间且

体积小于 1000 m^3 时燃气爆炸的等效静力荷载 p_k 可按下列公式计算并取其较大值:

$$p_k = 3 + p_v \qquad (3-20-1)$$

$$p_k = 3 + 0.5p_v + 0.04\left(\frac{A_v}{V}\right)^2 \qquad (3-20-2)$$

式中: p_v 为通口板(一般指窗口的平板玻璃)的额定破坏压力(kN/m^2);

　　A_v 为通口板面积(m^2);

　　V 为爆炸空间的体积(m^3)。

电梯竖向撞击荷载标准值可在电梯总重力荷载的 4~6 倍范围内选取。汽车顺行方向的撞击荷载标准值按下式计算

$$P_k = \frac{mv}{t} \qquad (3-21)$$

式中: m 为汽车质量(t),包括车自重和载重;

　　v 为车速(m/s);

　　t 为撞击时间(s)。

汽车垂直行车方向的撞击荷载标准值可取顺行方向撞击荷载标准值的 0.5 倍,二者可不考虑同时作用。

直升机非正常着陆的竖向撞击荷载的作用范围宜包括停机坪内任何区域以及停机坪边缘线 7 m 之内的屋顶结构,作用区域宜取 2 m×2 m,竖向等效静力撞击荷载标准值可按下式计算

$$P_k = C\sqrt{m} \qquad (3-22)$$

式中: C 为系数, 取 3 $kN \cdot kg^{-0.5}$;

　　m 为直升飞机的质量(kg)。

3.3　公路桥涵结构的作用

公路桥涵结构的作用可以分为永久作用、可变作用、偶然作用与地震作用。在设计时,对不同的作用应采取不同的代表值。永久作用的代表值是其标准值;可变作用的代表值包括标准值,组合值,频遇值和准永久值;偶然作用以其设计值作为代表值;地震作用的代表值为标准值。

3.3.1　永久作用

公路桥涵的永久作用包括,结构重力、预加力、土的重力及土侧压力、混凝土收缩徐变作用、水浮力及基础变位作用。

1. 结构重力

结构重力包括结构自重及桥面铺装、附属设备等附加重力。结构重力标准值可按《公路桥涵设计通用规范》(JTG D60—2015)表 4.2.1 所列常用材料的重度根据式(3.23)计算。

$$G_k = \gamma V \qquad (3-23)$$

式中: G_k 为结构重力标准值(kN);

　　γ 为材料的重度(kN/m^3);

V 为体积(m^3)。

2. 预加力

预加力在不同极限状态设计中所起作用不同,在正常使用极限状态设计中预应力作为永久作用计算其主效应及次效应,在承载能力极限状态设计时,预加力不应作为作用。预加力标准值可采用下式进行计算:

$$F_{\mathrm{pe}} = \sigma_{\mathrm{pe}} A_{\mathrm{p}} \tag{3-24-1}$$

$$\sigma_{\mathrm{pe}} = \sigma_{\mathrm{com}} - \sigma_1 \tag{3-24-2}$$

式中:F_{pe} 为预加力标准值(kN);

A_{p} 为预应力钢筋的截面面积(m^2);

σ_{pe} 为预应力钢筋的有效预应力(kPa);

σ_{com} 为预应力钢筋张拉控制应力(kPa);

σ_1 为预应力钢筋相应阶段的预应力损失(kPa)。

3. 土的重力及土侧压力

1)静土压力的标准值可按下列公式计算

$$e_{\mathrm{j}} = \xi \gamma h \tag{3-25-1}$$

$$\xi = 1 - \sin\varphi \tag{3-25-2}$$

$$E_{\mathrm{j}} = \frac{1}{2} \xi \gamma H^2 \tag{3-25-3}$$

式中:e_{j} 为任一高度 h 处的静土压力(kPa);

ξ 为压实土的静土压力系数;

γ 为土的重度($\mathrm{kN/m}^3$);

φ 为土的内摩擦角(°);

h 为填土顶面至任一点的高度(m);

H 为填土高度(m);

E_{j} 为高度 H 范围内单位宽度的静土压力标准值(kN/m)。

2)主动土压力的标准值计算公式

(1)当土层特性无变化且无汽车荷载时,作用在桥台挡土墙后的主动土应力标准值按下式计算。

$$E = \frac{1}{2} B \mu \gamma H^2 \tag{3-26-1}$$

$$\mu = \frac{\cos^2(\varphi - \alpha)}{\cos^2\alpha \cdot \cos(\alpha + \delta)\left[1 + \sqrt{\dfrac{\sin(\varphi + \delta)\sin(\varphi - \beta)}{\cos(\alpha + \delta)\cos(\alpha - \beta)}}\right]^2} \tag{3-26-2}$$

式中:E 为主动土压力标准值(kN);

γ 为土的重度($\mathrm{kN/m}^3$);

B 为桥台的计算宽度或挡土墙的计算长度(m);

H 为计算土层高度(m);

β 为填土表面与水平面的夹角,当计算台后或墙后的主动土压力时,β 按图 3-4(a)取正值;当计算台前或墙前主动土压力时,β 按图 3-4(b)取负值;

α 为桥台或挡土墙背与竖直面的夹角,俯墙背(图 3 - 4)时为正,反之为负值;

δ 为台背或墙背与填土间的摩擦角,可取 $\delta = \varphi/2$;

主动土压力的着力点自计算土层地面算起, $C = H/3$。

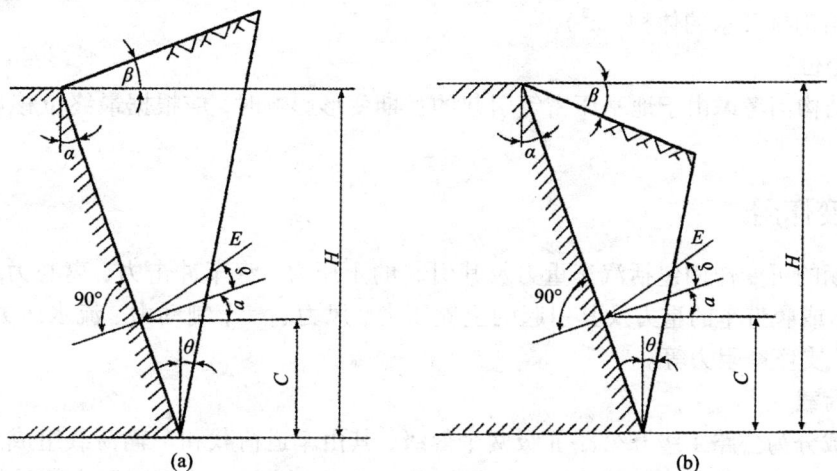

图 3 - 4　主动土压力图

(2)当土层特性无变化但有汽车荷载作用时,作用在桥台、挡土墙的主动土压力标准值在 $\beta = 0°$ 时可按下式计算:

$$E = \frac{1}{2}B\mu\gamma H(H + 2h) \tag{3 - 27}$$

式中: h 为汽车荷载的等代均布土层厚度(m);

主动土压力的着力点自计算土层底面算起, $C = \frac{H}{3} \times \frac{H + 3h}{H + 2h}$。

(3)当 $\beta = 0°$ 时,破坏棱体破裂面与竖直线夹角 θ 的正切值可按下式计算:

$$\tan\theta = -\tan\omega + \sqrt{(\cot\varphi + \tan\omega)(\tan\omega - \tan\alpha)} \tag{3 - 28}$$

$$\omega = \alpha + \delta + \varphi$$

4. 混凝土收缩与徐变

外部超静定的混凝土结构,钢和混凝土的组合结构等应考虑混凝土收缩及徐变的作用;混凝土的收缩应变终极值可按现行《公路钢筋混凝土及预应力混凝土桥涵设计规范》(JTG - D62)的规定计算;混凝土徐变的计算,可假定徐变与混凝土应力呈线性关系;计算混凝土圬工拱圈的收缩作用效应时,如考虑徐变影响,作用效应可乘以折减系数 0.45。

5. 水的浮力

基础地面位于透水性地基上的桥梁墩台,当验算稳定时,应考虑设计水位的浮力;当验算地基承载力时,可仅考虑低水位的浮力,或不考虑水的浮力。基础嵌入不透水性地基的桥梁墩台可不考虑水的浮力。作用在桩基承台底面的浮力,应考虑全部底面积。对桩嵌入不透水地基并灌注混凝土封闭者,不应考虑桩的浮力,在计算承台底面浮力时应扣除桩的截面积。当不能确定地基是否透水时,应以透水或不透水两种情况与其他作用组合,取其最不利者。水的浮力标准值可按下式计算：

$$F = \gamma V_w \qquad (3-29)$$

式中：F 为水的浮力标准值(kN)；

　　　　γ 为水的重度(kN/m³)；

　　　　V_w 为结构排开水的体积(m³)。

6. 基础变位

超静定结构当考虑由于地基压密等引起的长期变形影响时，应根据最终位移量计算构件效应。

3.3.2　可变作用

公路桥涵的可变作用包括汽车重力及其引起的土压力、汽车冲击力、离心力、人群的重力、平板挂车或履带车的重力及其引起的土侧压力、风力、汽车制动力、流水压力、冰压力、温度影响力、支座摩阻力等。

1. 汽车荷载

汽车荷载分为公路Ⅰ级和公路Ⅱ级两个等级，其由车道荷载和车辆荷载组成。桥梁结构的整体计算采用车道荷载；桥梁结构的局部加载、涵洞、桥台和挡土墙压力等计算采用车辆荷载。车道荷载与车辆荷载的作用不得叠加。各级公路桥涵设计的汽车荷载等级应符合表3-2的规定。

表3-2　各级公路桥涵的汽车荷载等级

公路等级	高速公路	一级公路	二级公路	三级公路	四级公路
汽车荷载等级	公路Ⅰ级	公路Ⅰ级	公路Ⅰ级	公路Ⅱ级	公路Ⅱ级

二级公路作为集散公路且交通量小，重型车辆小时，其桥涵的设计可采用公路Ⅱ级汽车荷载。对交通组成中重载交通比重较大的公路桥涵，宜采用与该公路交通组成相适应的汽车荷载模式进行结构整体和局部验算。

车道荷载的计算图示如图3-5所示。

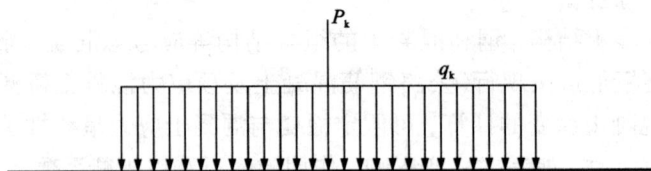

图3-5　车道荷载

公路Ⅰ级车道荷载均布荷载标准值是 $q_k = 10.5$ kN/m；集中荷载标准值 P_k 取值如表3-3所示。计算剪力效应时，上述集中荷载标准值应乘以系数1.2。

表 3-3 集中荷载 P_k

计算跨径 L_0(m)	$L_0 \leqslant 5$	$5 < L_0 < 50$	$L_0 \geqslant 50$
P_k(kN)	270	$2(L_0 + 130)$	360

注:计算跨径 L_0,设支座的为相邻两支座中心间的水平距离;不设支座的为上、下部结构相交面中心间的水平距离。

公路 II 级车道荷载的均布荷载标准值 q_k 和集中荷载标准值 P_k 按公路 I 级车道荷载的 0.75 倍采用。车道荷载的均布荷载标准值应满布于使结构产生最不利效应的同号影响线上,集中荷载标准值只作用于相应影响线中一个影响线峰值处。

车辆荷载的立面、平面尺寸如图 3-6 所示,主要技术指标如表 3-4 所示。公路 I 级和公路 II 级汽车荷载采用相同的车辆荷载标准值。

表 3-4 车辆荷载的主要技术指标

项目	单位	技术指标	项目	单位	技术指标
车辆重力标准值	kN	550	轮距	m	1.8
前轴重力标准值	kN	30	前轮着地宽度及长度	m	0.3×0.2
中轴重力标准值	kN	2×120	中、后轮着地宽度及长度	m	0.6×0.2
后轴重力标准值	kN	2×140	车辆外形尺寸(长×宽)	m	15×2.5
轴距	m	3+1.4+7+1.4	—	—	—

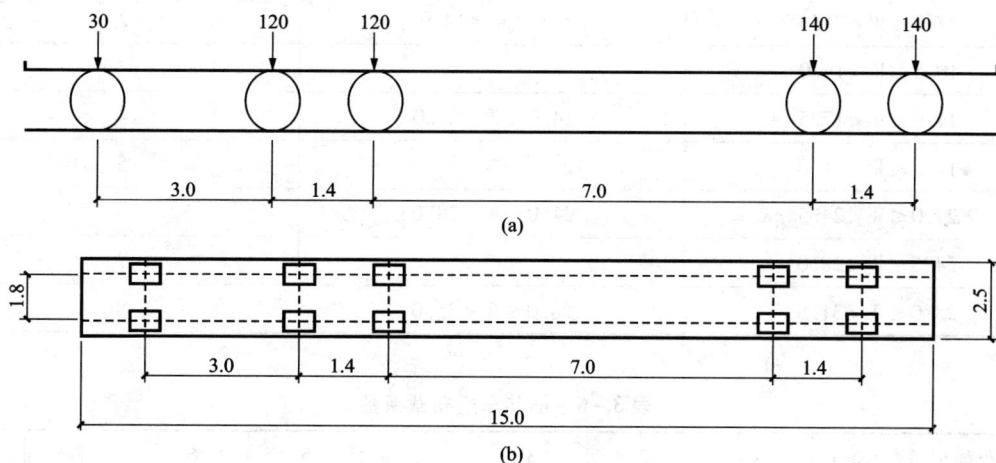

图 3-6 车辆荷载的立面、平面尺寸

(尺寸单位:m;荷载单位:kN)

(a)立面布置;(b)平面尺寸

车道荷载横向分布系数应按图 3-7 所示布置车道荷载进行计算。桥涵设计车道数应符合表 3-5 的规定。横桥向布置多车道汽车荷载时,应考虑汽车荷载的折减;布置一条车道汽车荷载时，应考虑汽车荷载的提高。横向车道布载系数应符合表 3 - 6 的规定。多车道布载的荷载效应不得小于两条车道布载的荷载效应。大跨径桥梁上的汽车荷载应考虑纵向折减。当桥梁计算跨径大于 150 m 时，应按表 3 - 7 规定的纵向折减系数进行折减。当为多跨连续结构时，整个结构应按最大的计算跨径考虑汽车荷载效应的纵向折减。

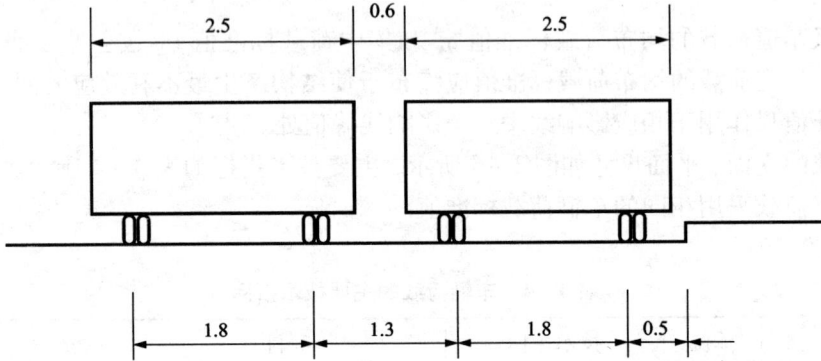

图 3 - 7　车辆荷载横向布置

（尺寸单位：m）

表 3 - 5　桥涵设计车道数

桥面宽度（m）		桥涵设计车道数
车辆单向行驶时	车辆双向行驶时	
$W < 7.0$		1
$7.0 \leq W < 7.5$	$6.0 \leq W < 14.0$	2
$10.5 \leq W < 14.0$		3
$14.0 \leq W < 17.5$	$14.0 \leq W < 21.0$	4
$17.5 \leq W < 21.0$		5
$21.0 \leq W < 24.5$	$21.0 \leq W < 28.0$	6
$24.5 \leq W < 28.0$		7
$28.0 \leq W < 31.5$	$28.0 \leq W < 35.0$	8

表 3 - 6　横向车道布载系数

横向布载车道数（条）	1	2	3	4	5	6	7	8
横向车道布载系数	1.20	1.00	0.78	0.67	0.60	0.55	0.52	0.50

表 3 – 7 纵向折减系数

计算跨径 L_0 (m)	纵向折减系数	计算跨径 L_0 (m)	纵向折减系数
$150 < L_0 < 400$	0.97	$800 \leqslant L_0 < 1000$	0.94
$400 \leqslant L_0 < 600$	0.96	$L_0 > 1000$	0.93
$600 \leqslant L_0 < 800$	0.95	—	—

2.汽车荷载冲击力

钢桥、钢筋混凝土及预应力混凝土桥、圬工桥等上部构造和钢支座、板式橡胶支座、盆式橡胶支座及钢筋混凝土柱式墩台,应计算冲击作用。填料厚度(包括路面厚度)大于等于 0.5 m 的拱桥、涵洞以及重力式墩台不计冲击力。支座的冲击力,按相应桥梁取用。汽车荷载的局部加载及在 T 梁、箱梁悬臂板上的冲击系数为 0.3。汽车荷载的冲击力标准值为汽车荷载标准值乘以冲击系数 μ。μ 可以按下式计算:

当 $f < 1.5$ Hz 时,$\mu = 0.05$

当 1.5 Hz $\leqslant f \leqslant 14$ Hz 时,$\mu = 0.1767 \ln f - 0.0157$ (3 – 30)

当 $f > 14$ Hz 时,$\mu = 0.45$

式中:f 为结构基频(Hz)。

3.汽车荷载离心力

计算多车道桥梁的汽车荷载离心力时,车辆荷载标准值应乘以表 3 – 6 的规定的横向车道布载系数。离心力着力点在桥面上 1.2 m 处;为计算简便也可移至桥面上,不计由此引起的作用效应。曲线桥应计算汽车荷载引起的离心力,汽车荷载离心力标准值为按车辆荷载(不计冲击力)标准值乘以离心力系数 C 计算。离心力系数按下式计算:

$$C = \frac{v^2}{127R} \tag{3 – 31}$$

式中:v 为设计速度(km/h),应按桥梁所在线路设计速度采用;

      R 为曲线半径(m)。

4.人群荷载

人群荷载标准值应根据表 3 – 8 采用,对跨径不等的连续结构,以最大计算跨径为准。

表 3 – 8 人群荷载标准值

计算跨径 l_0 (m)	$l_0 \leqslant 50$	$50 < l_0 < 150$	$l_0 \geqslant 150$
人群荷载(kN/m²)	3.0	$3.25 \sim 0.005 l_0$	2.5

非机动车、行人密集的公路桥梁,人群荷载标准值取上述标准值的 1.15 倍。专用人行桥梁,人群荷载标准值为 3.5 kN/m²;人群荷载在横向应布置在人行道的净宽度内,在纵向施加于使结构产生最不利荷载效应的区段内;人行道板可以一块板为单元,按标准值 4.0 kN/m² 的均布荷载计算;计算人行道栏杆时,作用在栏杆立柱顶上的水平推力标准值取 0.75 kN/m²,作用在栏杆扶手上的竖向力标准值取 1.0 kN/m²。

5. 土侧压力

汽车荷载引起的土压力采用车辆荷载加载，并按下列规定计算：

当汽车荷载在桥台或挡土墙后填土的破坏棱体上引起的土侧压力时，可按下式换算成等代均布土层厚度 h(m)计算：

$$h = \frac{\sum G}{Bl_0 \gamma} \qquad\qquad (3-32)$$

式中：γ 为土的重度(kN/m^3)；

$\sum G$ 为布置在 $B \times l_0$ 面积内的车轮的总重力(kN)；

l_0 为桥台或挡土墙后填土的破坏棱体长度(m)；

B 为桥台横向全宽或挡土墙的计算长度(m)。

挡土墙的计算长度 B(m)可按下式计算，但不应超过挡土墙分段长度：

$$B = 13 + H\tan30° \qquad\qquad (3-33)$$

式中：H 为挡土墙高度(m)，对墙顶以上有填土的挡土墙，为 2 倍墙顶填土厚度加墙高。

当挡土墙分段长度小于 13 m 时，B 取分段长度，并在该长度内按不利情况布置轮重。计算涵洞顶上汽车荷载引起的竖向土压力时，车轮按其着地面积的边缘向下作 30°角分布。当几个车轮的压力扩散线相重叠时，扩散面积以最外边的扩散线为准。

6. 汽车制动力

汽车荷载制动力按同向行驶的汽车荷载计算，并应按表 3-10 的规定，以使桥梁墩台产生最不利纵向力加载长度进行纵向折减；制动力的着力点在桥面以上 1.2 m 处，计算墩台时，可移至支座铰中心或支座底座面上。计算刚构桥，拱桥时，制动力的着力点可移至桥面上，但不应计因此产生的竖向力与力矩；设有板式橡胶支座的简支梁，连续桥面简支梁或连续梁排架式柔性墩台，应根据支座与墩台的抗推刚度集成情况分配和传递制动力。设有板式橡胶支座的简支梁刚性墩台，应按单跨两端的板式橡胶支座的抗推刚度分配制动力；设有固定支座、活动支座的刚性墩台传递的制动力，按表 3-9 的规定采用。每个活动支座传递的制动力，其值不应大于其摩阻力，当大于摩阻力时，按摩阻力计算。

7. 流水压力

在桥墩上的流水压力可按下式计算：

$$F_w = KA\frac{\gamma v^2}{2g} \qquad\qquad (3-34)$$

式中：F_w 为流水压力标准值(kN)；

γ 为水的重度(kN/m^3)；

v 为设计流速(m/s)；

A 为桥墩阻水面积(m^2)，计算至一般冲刷线处；

g 为重力加速度，$g = 9.81\ m/s^2$；

K 为桥墩形状系数，如表 3-10 所示。

流水压力合力着力点，假定在设计水位线以下 0.3 倍水深处。

表 3 - 9 刚性墩台各种支座传递的制动力

桥梁墩台及支座类型		应计的制动力	符号说明
简支梁桥台	固定支座	T_1	T_1 为加载长度为计算跨径时的制动力; T_2 为加载长度为相邻两跨计算跨径之和时的制动力; T_3 为加载长度为一联长度的制动力
	聚四氟乙烯板支座	$0.30T_1$	
	滚动支座	$0.25T_1$	
简支梁桥墩	两个固定支座	T_2	
	一个固定支座,一个活动支座	注	
	两个四氟乙烯支板支座	$0.30T_2$	
	两个滚动支座	$0.25T_2$	
连续梁桥墩	固定支座	T_3	
	聚四氟乙烯板支座	$0.30T_3$	
	滚动支座	$0.25T_3$	

注:固定支座按 T_4 计算,活动支座按 $0.30T_5$ 或 $0.25T_5$ 计算,T_4 和 T_5 分别为与固定支座或活动支座相应的单跨跨径的制动力,桥墩承受的制动力为上述固定支座与活动支座传递的制动力之和。

表 3 - 10 桥墩形状系数 K

桥墩形状	K	桥墩形状	K
方形桥墩	1.5	尖端形桥墩	0.7
矩形桥墩	1.3	圆端形桥墩	0.6
圆形桥墩	0.8	—	—

8. 冰压力

对具有竖向前棱的桥墩,冰压力可按下列规定取用:

冰对桩或墩产生的冰压力标准值可按下式计算:

$$F_i = mC_i btR_{ik} \qquad (3-35)$$

式中:F_i 为冰压力标准值(kN);

m 为桩或迎冰面形状系数,可按表 3 - 11 取用;

C_i 为冰温系数,可按表 3 - 12 取用;

b 为桩或墩迎冰面投影宽度(m);

t 为计算冰厚(m),可取实际调查的最大冰厚或开河期堆积冰厚;

R_{ik} 为冰的抗压强度标准值(kN/m²),可取当地冰温0℃时的冰抗压强度;当缺乏实测资料时,对海冰可取 $R_{ik} = 750$ kN/m²;对河冰,流冰开始时 $R_{ik} = 750$ kN/m²,最高流冰水位时可取 $R_{ik} = 450$ kN/m²。

表 3 - 11　桩或墩迎冰面形状系数 m

迎冰面形状	平面	圆弧形	尖角形的迎冰面角度				
			45°	60°	75°	90°	120°
m	1.00	0.90	0.54	0.59	0.64	0.69	0.77

表 3 - 12　冰温系数 C_i

冰温(℃)	0	-10 及以下
C_i	1.0	2.0

注：①表列冰温系数可直线内插。
②对海冰，冰温取结冰期最低冰温；对河冰，取解冻期最低冰温。

当流冰范围内桥墩有倾斜表面时，冰压力应分解为水平分力和竖向分力。
水平分力

$$F_{xi} = m_0 C_i R_{bk} t^2 \tan\beta \tag{3 - 36 - 1}$$

竖向分力

$$F_{zi} = F_{xi}/\tan\beta \tag{3 - 36 - 2}$$

式中：F_{xi} 为冰压力的水平分力(kN)；

　　　F_{zi} 为冰压力的垂直分力(kN)；

　　　β 为桥墩倾斜的棱边与水平线夹角(°)；

　　　R_{bk} 为冰的抗弯强度标准值(kN·m)，取 $R_{bk} = 0.7R_{ik}$；

　　　m_0 为系数，$m_0 = 0.2 \, b/t$，但不小于1.0

　　建筑物受冰作用的部位宜采用实体结构。对于具有强烈冰的河流中的桥墩、柱，其迎冰面宜做成圆弧形、多边形或尖角，并做成3∶1～10∶1(竖∶横)的斜度，在受冰作用的部位宜缩小其迎冰面的投影宽度；对流冰期的设计高水位以上0.5 m到设计低水位以下1.0 m的部位宜采取抗冻性混凝土或花岗岩镶面或包钢等防护措施。同时，对建筑物附近的冰体采取适宜的使冰体减小对结构作用力的措施。

9. 温度作用

　　这里所说的温度作用，仅指环境平均气温变化对桥梁结构的影响，未包括日照引起的结构温差的作用。当桥梁结构要考虑温度作用时，应根据当地具体情况、结构物使用的材料和施工条件等因素计算由温度作用引起的结构效应。各种结构的线膨胀系数规定如表3-13所示。

表 3 - 13　线膨胀系数

结构种类	线膨胀系数(1/℃)
钢结构	0.000012
混凝土和钢筋混凝土及预应力混凝土结构	0.000010
混凝土预制块砌体	0.000009
石砌体	0.000008

计算桥梁结构因均匀温度作用引起的外加变形或约束变形时，应从受到约束时的温度开始，考虑最高和最低有效温度的作用效应。当缺乏实际调查资料时，公路混凝土结构和钢结构的最高和最低有效温度标准值可按表 3-14 取用。

表 3-14 公路桥梁结构的有效温度标准值(℃)

气候分区	钢桥面板钢桥		混凝土桥面板钢桥		混凝土、石桥	
	最高	最低	最高	最低	最高	最低
严寒地区	46	-43	39	-32	34	-23
寒冷地区	46	-21	39	-15	34	-10
温热地区	46	-9(-3)	39	-6(-1)	34	-3(0)

注：表中括弧内数值适用于昆明、南宁、广州、福州地区。

对无悬臂的宽幅箱梁，宜考虑横向温度梯度引起的效应；计算圬工拱桥考虑徐变影响引起的温差作用效应时，计算的温差效应乘以折减系数 0.7；采用沥青混凝土铺装的混凝土桥面板桥梁必要时应考虑施工阶段沥青摊铺引起的温度影响。

10. 支座摩阻力

支座摩阻力标准值可按下式计算：

$$F = \mu W \tag{3-37}$$

式中：W 为作用于活动支座上由上部结构重力产生的效应；

μ 为支座的摩擦系数，宜采用实测数据，无实测数据时可按表 3-15 取用。

表 3-15 支座摩擦系数

支座种类		支座摩擦系数 μ
活动支座或摆动支座		0.05
板式橡胶支座	支座与混凝土面接触	0.30
	支座与钢板接触	0.20
	聚四氟乙烯板与不锈钢板接触	0.06(加 5201 硅脂润滑后；温度低于 -25℃ 时为 0.078
		0.12(不加 5201 硅脂润滑时；温度低于 -25℃ 时为 0.156)
盆式支座		加 5201 硅脂润滑后，常温型活动支座摩擦系数不大于 0.03（支座适用温度为 -25℃ ~ +60℃）
		加 5201 硅脂润滑后，耐寒型活动支座摩擦系数不大于 0.06（支座适用温度为 -40℃ ~ +60℃）
球型支座		加 5201 硅脂润滑后，活动支座摩擦系数不大于 0.03（支座适用温度为 -25℃ ~ +60℃）
		加 5201 硅脂润滑后，活动支座摩擦系数不大于 0.05（支座适用温度为 -40℃ ~ +60℃）

3.3.3　偶然作用

偶然作用在设计使用年限出现的概率很小,甚至不会出现,一般情况下持续时间很短,尽管如此,设计中必须考虑,因为其量值很大,一旦出现将产生灾难性后果。

(1)通航水域中的桥梁墩台,设计时应考虑船舶的撞击作用,其撞击作用设计值可按下列规定采用:

①船舶的撞击作用设计值宜按专题研究确定。

②四至七级内河航道当缺乏实际调查资料时,船舶撞击作用的设计值可按表3-17取值,航道内的钢筋混凝土桩墩,顺桥向撞击作用可按表3-16所列数值的50%取值。

③当缺乏实际调查资料时,海轮撞击作用设计值可按表3-17取值。

④规划航道内可能遭受大型船舶撞击作用的桥墩,应根据桥墩的自身抗撞能力、桥墩的位置和外形,水流流速、水位变化、通航船舶类型和碰撞速度等因素作桥墩防撞的设计。当设有与墩台分开的防撞击的防护结构时,桥墩可不计船舶撞击的作用。

⑤内河道船舶的撞击作用点,假定为计算通航水位线以上2 m的桥墩宽度或长度的中点。海轮船舶撞击作用点需视实际情况而定。

(2)有漂流物的水域中的桥梁墩台,设计时应考虑漂流物的撞击作用,其横桥向撞击力设计值可按下式计算,漂流物的撞击作用点假定在计算通航水位线上桥墩宽度的中点:

$$F = \frac{Wv}{gT} \qquad (3-38)$$

式中:W为漂流物重力(kN),应根据河流中漂流物情况,按实际调查确定;

v为水流速度(m/s);

T为撞击时间(s),应根据实际资料估计,在无实际资料时,可用1 s;

g为重力加速度,$g = 9.81$ m/s^2。

(3)桥梁结构必要时可考虑汽车的撞击作用。汽车撞击力设计值在车辆行驶方向应取1000 kN,在车辆行驶垂直方向应取500 kN,两个方向的撞击力不同时考虑,撞击力应作用在行车道以上1.2 m处,直接分布于撞击涉及的构件上。

对设有防撞设施的结构构件,可视防撞设施的防撞能力,对汽车撞击力设计值予以折减,但折减后的汽车撞击力设计值不应低于上述规定值的1/6。

表3-16　内河船舶撞击作用设计值

内河航道等级	船舶吨级 DWT(t)	横桥向撞击作用(kN)	顺桥向撞击作用(kN)
四	500	550	450
五	300	400	350
六	100	250	200
七	50	150	125

表 3 – 17　海轮撞击作用设计值

船舶吨级 DWT(t)	3000	5000	7500	10000	20000	30000	40000	50000
横桥向撞击作用(kN)	19600	25400	31000	35800	50700	62100	71700	80200
顺桥向撞击作用(kN)	9800	12700	15500	17900	25350	31050	35850	40100

重点与难点

1. 教学重点是荷载代表值概念及其确定原则,工程中常见荷载标准值的计算方法。
2. 教学难点是荷载代表值的确定原则。

思考与练习

1. 荷载有哪些代表值,如何确定这些代表值?
2. 设计基准期和重现期有何不同?
3. 楼面活荷载如何取值,应注意哪些问题?
4. 何谓基本风压?影响风压的主要因素有哪些?
5. 如何计算结构顺风向风荷载标准值?
6. 简述风载体型系数、风压高度变化系数、风振系数和阵风系数的意义。
7. 车辆荷载与车道荷载有何区别?两者是否可以叠加作用到桥梁结构?
8. 简述温度应力产生的原因及条件。
9. 工程中可能遭受哪些偶然作用?地震作用属于偶然作用吗?

第 4 章

结构及结构构件抗力

4.1 抗力的概念

结构或结构构件抵抗作用效应和环境影响的能力称为结构或结构构件的抗力，一般用 R 表示。抗力分为四个层次：整体结构抗力（如整体结构承受风荷载的能力），结构构件抗力（如构件在轴力、弯矩作用下的承载能力），构件截面抗力（构件截面抗弯、抗剪的能力）和截面各点的抗力（截面各点抵抗正应力、剪应力的能力）。

结构或结构构件抗力是一个广义的概念，它与结构的极限状态对应，不同的极限状态所考虑的抗力也不相同[7]。对于承载能力极限状态，结构构件或连接的强度、整个结构或结构的某一部分的抗倾覆滑移能力、结构或结构构件的稳定性、地基承载力和结构或结构构件的抗疲劳能力等均为结构抗力。

结构构件或连接的强度是结构设计中最常用的和最基本的指标。对于混凝土结构，需要使用钢筋、混凝土抗压强度和抗拉强度、构件的截面尺寸和跨度等几何参数，从而计算结构构件抵抗弯矩、剪力、轴力、扭矩等作用效应的能力。对于钢结构，需要使用钢材的抗拉强度和抗压强度、焊缝强度、连接螺栓的强度、构件的截面尺寸、跨度等几何参数，从而计算结构构件抵抗弯矩、剪力、轴力、扭矩等作用效应的能力。对于砌体结构，需要使用砌体的抗压强度、轴心抗拉强度、弯曲抗拉强度、抗剪强度、构件的截面尺寸等几何参数，从而计算砌体构件抵抗弯矩、剪力、轴力等作用效应的能力。

整个结构或结构的某一部分的抗倾覆滑移能力一般不涉及材料的强度。抗倾覆能力与结构的重心位置有关，选取合理的结构形式和正确设置重心位置是保证结构具有足够抗倾覆能力的关键。抗滑移能力与作用在结构构件接触面的正应力、切向应力及摩擦系数有关。

结构或结构构件的稳定性是长细结构构件及薄壁结构设计中必须考虑的问题。对大部分钢结构构件，需要考虑稳定性问题。失稳破坏不是材料强度破坏，而是在荷载作用下结构构件产生了不可控制的变形。

疲劳是结构构件在反复荷载作用下，内部损伤不断累积的过程，初始缺陷或应力集中的构件或连接比较敏感。疲劳强度主要与荷载反复循环次数，应力幅值等因素有关。疲劳破坏属于脆性破坏，破坏前没有任何预兆。

地基承载力由两个条件控制，一是地基变形条件，包括地基的沉降量、沉降差、倾斜与局部倾斜；另一个为荷载作用下地基的稳定性，即地基不发生剪切或滑动破坏。工程中常用的土的强度指标是土的黏聚力和内摩擦角。由于土的特性和分布极为复杂，所以设计前需要对地基进行详细的勘察或荷载试验。

对于正常使用极限状态，结构保持正常使用或抵抗变形、抵抗局部损坏、抵抗振动等能力均为抗力。我国各结构设计规范对结构构件的变形有明确的规定，增大结构构件的刚度可以减小构件的变形。影响结构构件刚度的因素有材料的弹性模量和截面尺寸。

综上所述，影响抗力 R 的因素很多。由于结构或构件制作过程中存在诸多不确定性，导致影响抗力的因素具有不确定性，因此，设计中应考虑抗力的不确定性。严格说来，抗力是与时间长短有关的随机过程。例如，考察一根钢筋混凝土柱的强度，由于混凝土强度前期将随时间增长而缓慢地提高，则抗力亦将随之提高，后期混凝土强度可能会随时间增长而缓慢地下降，则抗力亦随之降低。不过，这种随时间而变化并不显著，为简单起见，通常将抗力视作与时间无关的随机变量。

4.2　影响结构构件抗力不确定性的因素

影响结构构件抗力 R 不确定性的因素很多。在分析结构构件可靠度时经常考虑的主要因素有三个：材料性能的不定性 K_M，几何参数的不定性 K_A，计算模式的不定性 K_P，它们一般是相互独立的随机变量。由于这些因素一般都是随机变量，因此结构构件的抗力经常是多元随机变量的函数。要直接获得抗力的统计资料，并确定其统计参数和概率分布类型是非常困难的。所以，人们常是先对影响抗力的各种主要因素分别进行统计分析，确定其统计参数，然后通过抗力与各有关因素的函数关系，来推求（或经验判断）抗力的统计参数和概率分布类型。

4.2.1　材料性能的不确定性

材料性能主要指材料强度、弹性模量等物理力学特性。结构构件材料性能的不确定性，主要是指材料质量因素以及工艺、加荷、环境、尺寸等因素引起的结构构件中材料性能的变异性。例如，对于钢筋强度的变异性，主要考虑材料质量及轧制工艺等因素影响的钢筋本身强度的变异、加荷速度对钢筋强度的影响、轧制钢筋时截面面积的变异和设计中选用钢筋规格时引起的截面面积变异等。在实际工程中，材料性能一般是采用标准试件和标准试验方法测定的，并以一个时期内由全国有代表性的生产单位的材料性能的统计结果作为全国平均生产水平的代表。因此，对于结构构件的材料性能，还需要考虑结构中实际材料性能与标准试件材料性能的差别，实际工作条件与标准试验条件的差别。

结构构件材料性能不确定性可用随机变量 K_M 表示

$$K_M = \frac{f_j}{k_0 f_k} = \frac{1}{k_0} \frac{f_j}{f_s} \frac{f_s}{f_k} \qquad (4-1)$$

令 $K_0 = f_j/f_s$，$K_f = f_s/f_k$，则式（4-1）可写成

$$K_M = \frac{1}{k_0} K_0 K_f \qquad (4-2)$$

式中：k_0 为规范规定的反映结构构件材料性能与试件材料性能差别的系数，如考虑缺陷、尺寸、施工质量、加荷速度、试验方法、时间等因素影响的各种系数或其函数；f_j，f_s 分别为结构构件中实际的材料性能值及试件材料性能值；f_k 为规范规定的试件材料性能标准值；K_0 为反

映结构构件材料性能与试件材料性能差别的随机变量；K_f 为反映试件材料性能不确定性的随机变量。

K_M 的平均值 μ_{K_M} 和变异系数 δ_{K_M} 分别为

$$\mu_{K_M} = \frac{\mu_{K_0}\mu_{K_f}}{k_0} = \frac{\mu_{K_0}\mu_f}{k_0 f_K} \tag{4-3}$$

$$\delta_{K_M} = \sqrt{\delta_{K_0}^2 + \delta_f^2} \tag{4-4}$$

式中：μ_f，μ_{K_0}，μ_{K_f} 分别为试件材料性能 f_s 的平均值及随机变量 K_0、K_f 的平均值；δ_{K_0}、δ_f 分别为 K_0 及 f_s 的变异系数。

根据国内对各种结构材料强度性能的统计资料，按式（4-3）、式（4-4）求得的统计参数列于表 4-1 中。

表 4-1   各种结构材料 K_M 的统计参数

结构材料种类	材料品种和受力状况		μ_{K_M}	δ_{K_M}
型钢	受拉	A_3F 钢	1.08	0.08
		16Mn 钢	1.09	0.07
薄壁型钢	受拉	A_3F 钢	1.12	0.10
		A_3 钢	1.27	0.08
		16Mn 钢	1.005	0.08
钢筋	受拉	A_3	1.08	0.08
		20MnSi	1.14	0.07
		25MnSi	1.09	0.06
混凝土	轴心受压	C200	1.66	0.23
		C300	1.45	0.19
		C400	1.35	0.16
砖砌体	轴心受压		1.15	0.20
	小偏心受压		1.10	0.20
	齿缝受剪		1.00	0.22
	受剪		1.00	0.24
木材	轴心受压		1.48	0.32
	轴心受压		1.28	0.22
	受弯		1.47	0.25
	顺纹受剪		1.32	0.22

例 4-1   已知：3 号沸腾钢试件材料屈服强度的平均值 $\mu_f = \mu_{f_y} = 280.3$ MPa，标准差 $\sigma_f = \sigma_{f_y} = 21.3$ MPa，由于加载速度及上、下屈服点的差别，构件中材料的屈服强度低于试件材料的屈服强度，二者比值 K_0 的平均值 $\mu_{K_0} = 0.92$，标准差 $\sigma_{K_0} = 0.032$，规范规定的构件材料屈服强度标准值为 $k_0 f_K = 240$ MPa。试求 3 号沸腾钢屈服强度 f_y 的统计参数。

解

$$\delta_f = \frac{\sigma_{f_y}}{\mu_{f_y}} = \frac{21.3}{280.3} = 0.076, \quad \delta_{K_0} = \frac{\sigma_{K_0}}{\mu_{K_0}} = \frac{0.032}{0.92} = 0.035$$

根据式(4-3)、式(4-4)可得：

$$\mu_{K_M} = \frac{\mu_{K_0}\mu_f}{k_0 f_K} = \frac{0.92 \times 280.3}{240} = 1.076$$

$$\delta_{K_M} = \sqrt{\delta_{K_0}^2 + \delta_f^2} = \sqrt{0.035^2 + 0.076^2} = 0.084$$

4.2.2　结构构件几何参数的不确定性

结构构件几何参数是指构件的截面几何特征，如高度、宽度、面积、面积矩、惯性矩、抵抗矩、混凝土保护层厚度等，以及构件的长度、跨度、偏心距等；还包括由这些几何参数构成的函数。结构构件几何参数的不定性，主要是指制作尺寸偏差和安装误差等引起的结构构件几何参数的变异性。它反映了制作安装后的实际结构构件与所设计的标准结构构件之间几何上的差异。

结构构件几何参数的不定性可用随机变量 K_A 表达：

$$K_A = \frac{a}{a_K} \tag{4-5}$$

K_A 的平均值 μ_{K_A} 和变异系数 δ_{K_A} 分别为

$$\left. \begin{array}{l} \mu_{K_A} = \dfrac{\mu_a}{a_K} \\[2mm] \delta_{K_A} = \delta_a \end{array} \right\} \tag{4-6}$$

式中：a、a_K 分别为构件几何参数实际值和标准值(一般采用设计值)；μ_a、δ_a 为分别为构件几何参数的平均值及变异系数。

结构构件几何参数值应以正常生产情况下的实测数据为基础，经统计分析而获得。当实测数据不足时，可按有关标准中规定的几何尺寸公差，经分析判断确定。

一般情况下，几何尺寸越大，其变异性越小，所以，钢筋混凝土和砖石结构截面几何尺寸的变异性要小于钢结构和薄壁型钢结构的变异性。截面几何特征的变异对结构构件可靠度的影响较大，不可忽视；而结构构件长度、跨度等变异的影响则相对较小，有时可按确定量来考虑。

根据国内对各种结构构件几何尺寸的统计资料，按式(4-6)求得的统计参数列于表 4-2 中。

表 4-2　各种结构构件几何特征 K_A 的统计参数

结构构件种类	项目	μ_{K_A}	δ_{K_A}
型钢构件	截面面积	1.00	0.05
薄壁型钢构件	截面面积	1.00	0.05

续表 4 − 2

结构构件种类	项目	μ_{K_A}	δ_{K_A}
钢筋混凝土构件	截面高度、宽度	1.00	0.02
	截面有效高度	1.00	0.03
	纵筋截面面积	1.00	0.03
	纵筋重心到截面近边距离	0.85	0.03
	箍筋平均间距	0.99	0.07
	纵筋锚固长度	1.02	0.09
砖砌体	单向尺寸	1.00	0.02
	截面面积	1.01	0.02
木构件	单向尺寸	0.98	0.03
	截面面积	0.96	0.06
	截面模量	0.94	0.08

例 4 − 2 试求钢筋混凝土预制梁截面宽度和高度的统计参数。已知：根据钢筋混凝土工程施工及验收规范，预制梁截面宽度和截面高度允许偏差分别为

$$\Delta b = {}^{+2}_{-5} \text{ mm}, \ \Delta h = {}^{+2}_{-5} \text{ mm}$$

截面尺寸标准值为 $b_K = 200$ mm，$h_K = 500$ mm，假定截面尺寸服从正态分布，合格率达到 95%。

解 根据所规定的允许偏差，可估计截面尺寸应有的平均值为

$$\mu_b = b_K + \left(\frac{\Delta b^+ - \Delta b^-}{2}\right) = 200 + \left(\frac{2-5}{2}\right) = 198.5 \text{ mm}$$

$$\mu_h = 498.5 \text{ mm}$$

由正态分布函数的性质可知，当合格率为 95% 时，有

$$b_{min} = \mu_b - 1.645\sigma_b,$$

则有

$$\sigma_b = \frac{\mu_b - b_{min}}{1.645} = \frac{\Delta b^+ + \Delta b^-}{2 \times 1.645} = 2.128 \text{ mm}$$

同理

$$\sigma_h = 2.128 \text{ mm}$$

根据式(4 − 6)可得

$$\mu_{K_b} = \mu_b / b_K = 198.5/200 = 0.993$$

$$\mu_{K_h} = \mu_h / h_K = 498.5/500 = 0.997$$

$$\delta_{K_b} = \delta_b = \sigma_b / \mu_b = 2.128/198.5 = 0.011$$

$$\delta_{K_h} = \delta_h = \sigma_h / \mu_h = 2.128/498.5 = 0.004$$

4.2.3 结构构件计算模式的不确定性

结构构件计算模式的不定性，主要是指抗力计算中采用的某些基本假定的近似性和计算

公式的不精确性等引起的对结构构件抗力估计的不定性,有时被称为"计算模型误差"。例如,在建立结构构件计算公式的过程中,往往采用理想弹性(或塑性)、匀质性、各向同性、平面变形等假定;也常采用矩形、三角形等简单的截面应力图形来替代实际的曲线分布的应力图形;还常采用简支、固定支座等典型的边界条件来替代实际的边界条件,也还常采用线性方法来简化计算表达式,等等。所有这些近似的处理,必然会导致实际的结构构件抗力与给定公式计算的抗力之间的差异。计算模式的不定性,就反映了这种差异。

结构构件计算模式的不定性,可用随机变量 K_P 来表达,即

$$K_P = \frac{R^z}{R^j} \qquad\qquad (4-7)$$

式中: R^z 为结构构件的实际抗力值,一般可取试验实测值或精确计算值; R^j 为按规范公式计算的结构构件抗力值,计算时应采用材料性能和几何尺寸的实际值,以排除其变异性对分析 K_P 的影响。

通过对 K_P 的统计分析,可求得其平均值 μ_{K_P} 和变异系数 δ_{K_P},列于表 4-3 中。

表 4-3　各种结构构件 K_P 的统计参数

结构构件种类	受力状态	μ_{K_P}	δ_{K_P}
钢结构构件	轴心受拉	1.05	0.07
	轴心受压(A_3F)	1.03	0.07
	偏心受压(A_3F)	1.12	0.10
薄壁型钢结构构件	轴心受压	1.08	0.10
	偏心受压	1.14	0.11
钢筋混凝土结构构件	轴心受拉	1.00	0.04
	轴心受压	1.00	0.05
	偏心受压	1.00	0.05
	受弯	1.00	0.04
	受剪	1.00	0.15
砖结构砌体	轴心受压	1.03	0.15
	小偏心受压	1.14	0.23
	齿缝受剪	1.06	0.10
	受剪	1.02	0.13
木结构构件	轴心受拉	1.00	0.05
	轴心受压	1.00	0.05
	受弯	1.00	0.05
	受剪	0.97	0.08

4.3　结构构件抗力的统计参数和概率分布类型

4.3.1　结构构件抗力的统计参数

结构构件抗力的随机性是由抗力函数中各基本变量的不定性引起的，因此，抗力分析必须先从各基本变量的不定性入手研究其基本统计规律，在求得各基本变量的统计参数后，再利用抗力函数中各基本变量的统计参数去推求构件抗力的综合统计参数。

对于分别由钢、木、砖、石、素混凝土等材料制作的构件，称为单一材料组成的结构构件，其抗力表达式为

$$R = K_M K_A K_P R_K \tag{4-8}$$

式中，K_M、K_A 和 K_P 分别为材料性能的不定性、几何参数的不定性和计算模式的不定性，R_K 为构件抗力标准值，它是材料性能标准值、几何参数标准值等变量的函数。

抗力的参数包括抗力的均值 μ_R、均值与抗力标准值比值 K_R、抗力的标准差 σ_R 和变异系数 δ_R。由第二章统计参数计算公式可得上述各参数分别为

$$\left. \begin{aligned} \mu_R &= \mu_{K_M}\mu_{K_A}\mu_{K_P}R_K \\ K_R &= \mu_R / R_K \\ \sigma_R &= \left[(\sigma_{K_M}\mu_{K_A}\mu_{K_P}R_K)^2 + (\mu_{K_M}\sigma_{K_A}\mu_{K_P}R_K)^2 + (\mu_{K_M}\mu_{K_A}\sigma_{K_P}R_K)^2 \right]^{1/2} \\ \delta_R &= \sigma_R / \mu_R = (\delta_{K_M}^2 + \delta_{K_A}^2 + \delta_{K_P}^2)^{1/2} \end{aligned} \right\} \tag{4-9}$$

式中各符号意义同前。

例 4-3　计算 A_3 钢偏心受压构件的抗力统计参数。

解　由表 4-1、表 4-2、表 4-3 可得

$$\mu_{K_M} = 1.08 \qquad \mu_{K_A} = 1.00 \qquad \mu_{K_P} = 1.07$$
$$\delta_{K_M} = 0.22 \qquad \delta_{K_A} = 0.04 \qquad \delta_{K_P} = 0.10$$

由式(4-8)、式(4-9)可得

$$\mu_R = \mu_{K_M}\mu_{K_A}\mu_{K_P}R_K = 1.08 \times 1.00 \times 1.07 R_K = 1.1556 R_K$$
$$K_R = \mu_R / R_K = 1.1556 R_K / R_K = 1.1556$$
$$\delta_R = (\delta_{K_M}^2 + \delta_{K_A}^2 + \delta_{K_P}^2)^{1/2} = (0.08^2 + 0.05^2 + 0.10^2)^{1/2} = 0.137$$
$$\sigma_R = \delta_R \mu_R = 0.137 \times 1.1556 R_K = 0.1583 R_K$$

对于由两种或两种以上材料组成的结构构件（例如由钢筋和混凝土组成的钢筋混凝土构件），称为复合材料组成的结构构件。其抗力的统计分析方法基本上与单一材料的构件相同，仅抗力的计算值 R_P 由两种或两种以上材料性能和几何参数组成。其抗力表达式为

$$R = K_P R_P = K_P g(f_1, f_2, \cdots, f_n, a_1, a_2, \cdots, a_m) \tag{4-10}$$

式中，$R_P = g(f_1, f_2, \cdots, f_n, a_1, a_2, \cdots, a_m)$ 是按设计规范公式计算确定的结构构件抗力；f_i 是结构构件中第 i 种材料的材料性能；a_i 是与第 i 种材料相应的结构构件几何参数。

由式(4-1)和(4-5)，有

$$f_i = K_{M_i} k_0 f_{K_i} \quad i = 1, 2, \cdots, n \tag{4-11}$$
$$a_i = K_{A_i} a_{K_i} \quad i = 1, 2, \cdots, m \tag{4-12}$$

式中：K_{M_i} 是反映结构构件中第 i 种材料的材料性能随机变量；

　　　f_{K_i} 是规范规定的第 i 种材料的材料性能试件标准值；

　　　k_{0_i} 是第 i 种材料的材料性能影响系数；

　　　K_{A_i} 和 a_{K_i} 分别是第 i 种材料相应的结构构件几何参数随机变量和标准值。

由式(4-10)可知，R_P 是随机变量 f_i，a_i 的函数，运用(A-32)、(A-33)可求得 R_P 的统计参数。

视 R 为 K_P 和 R_P 的函数，若 K_P 的统计参数已知，再用(A-32)、(A-33)可求得抗力 R 的统计参数。

$$\left.\begin{aligned}\mu_R &= \mu_{K_P}\mu_{R_P} \\ K_R &= \mu_R / R_K \\ \delta_R &= (\delta_{K_P}^2 + \delta_{R_P}^2)^{1/2}\end{aligned}\right\} \tag{4-13}$$

其中，R_K 是按规范规定的材料性能和几何参数标准值，运用抗力求得的结构构件抗力值。

在实际问题中遇到的许多情况将比上述情况复杂得多，但只要按照上述概念，灵活地运用公式(A-32)、公式(A-33)进行计算，最后一般都可利用式(4-13)，或者式(4-9)求得有关抗力的统计参数。在现行设计规范中往往假定抗力 R 服从对数正态分布，并由此进行相应的运算。

按照上述方法，通过统计分析可以得到各种材料的结构构件在不同受力情况和不同几何尺寸下的抗力参数 K_R 和 δ_R，经过适当选择后列于表4-4中。

表 4-4　各种结构构件抗力 R 的统计参数

结构构件种类	受力状态	K_R	δ_R
钢结构构件	轴心受拉	1.13	0.12
	轴心受压	1.11	0.12
	偏心受压	1.21	0.15
薄壁型钢结构构件	轴心受压	1.21	0.15
	偏心受压	1.20	0.15
钢筋混凝土结构构件	轴心受拉	1.10	0.10
	轴心受压	1.33	0.17
	小偏心受压（短柱）	1.30	0.15
	大偏心受压（短柱）	1.16	0.13
	受弯	1.13	0.10
	受剪	1.24	0.19
砌体结构构件	轴心受压	1.21	0.25
	小偏心受压	1.26	0.30
	齿缝受弯	1.06	0.24
	受剪	1.02	0.27

续表 4 – 4

结构构件种类	受力状态	K_R	δ_R
木结构构件	轴心受拉	1.42	0.33
	轴心受压	1.23	0.23
	受弯	1.38	0.27
	顺纹受剪	1.23	0.25

4.3.2 结构构件抗力的概率分布类型

从式(4 – 8)和式(4 – 10)可知,结构构件抗力是多个随机变量的函数,如果已知各随机变量的概率分布函数,则在理论上可通过多维积分,求得抗力 R 的概率分布函数。不过,目前在数学上将会遇到较大的困难。因而有采用模拟方法如蒙特卡罗(Monte Carlo)模拟法来推求抗力的概率分布函数的。

在实际工程中,常根据概率论原理,假定抗力的概率分布函数。因为概率论中的中心极限定理指出,如果 X_1,X_2,…,X_n 是一个相互独立的随机变量序列,其中任何一个也不占优势:无论各个随机变量 $X_i (i = 1, 2, \cdots n)$ 具有怎样的分布,只要满足定理要求,那么它们的和 $Y = X_1 + X_2 + \cdots + X_n$ 当 n 很大时,就服从或近似服从正态分布。如果随机变量之积为 $Y = X_1 X_2 \cdots X_n$,则 $\ln Y = \ln X_1 + \ln X_2 + \cdots + \ln X_n$ 当 n 充分大时,也近似服从正态分布,而 Y 的分布则近似于服从对数正态分布。

实际上,结构构件抗力的计算模式,大多为 $Y = X_1 + X_2 + \cdots + X_n$ 或 $Y = X_1 X_2 X_3 + X_4 X_5 X_6 + \cdots + X_{n-2} X_{n-1} X_n$ 之类的形式,所以在实用上;不论 $X_i (i = 1, 2, \cdots, n)$ 具有怎样的分布;均可近似地认为抗力服从对数正态分布。这样处理比较简便,且可满足采用一次二阶矩方法分析结构可靠度的精度要求。

以上所述,都是将结构构件抗力作为一个综合基本变量来考虑的。如果将 K_M、K_A、K_P 等变量作为基本变量,直接引入可靠度分析中,则不必确定抗力 R 的概率分布类型和统计参数。

―――――――――【 **重点与难点** 】―――――――――

1. 教学重点是影响抗力的各种不定性因素,结构构件抗力的统计特征。
2. 教学难点是结构构件抗力统计参数的运算。

―――――――――【 **思考与练习** 】―――――――――

1. 影响结构抗力的因素有哪些?
2. 构件材料性能的不确定性是哪些原因引起的?
3. 什么是结构计算模式的不定性?如何统计?
4. 结构构件几何参数的不定性主要包括哪些?
5. 结构构件的抗力分布类型是什么?其统计参数如何计算?

第 5 章

结构可靠度计算

目前我国《工程结构可靠性设计统一标准》（GB 50153—2008）、《建筑结构可靠度设计统一标准》（GB 50068—2001）、《公路工程结构可靠度设计统一标准》（GB/T 50283—1999）、《港口工程结构可靠性设计统一标准》（GB 50158—2010）、《铁路工程结构可靠度设计统一标准》（GB 50216—1994）和《水利水电工程结构可靠性设计统一标准》（GB 50199—2013）都采用了可靠度设计方法水准 II——近似概率可靠度设计法，在此基础上颁布了各类结构设计的规范。该法用可靠指标 β 作为结构可靠度的度量，因此，掌握可靠指标 β 和可靠度的计算方法，在结构设计中是非常重要的。

5.1　中心点法

中心点法是结构可靠度研究初期提出的一种方法，其基本思想是首先将非线性功能函数在随机变量的平均值（中心点）处按泰勒级数展开并保留至线性项，然后计算功能函数的平均值和标准差。

设 X_1，X_2，$\cdots$，X_n 为影响结构可靠性的 n 个相互独立的随机变量，又称为基本变量，其统计参数为：均值 μ_{X_i}、标准差 σ_{X_i}。由 $X_i(i=1,2,\cdots,n)$ 生成的 n 维空间记为 Ω，$(X_1,X_2,\cdots,X_n)$ 表示 Ω 空间中的点。点 $M(\mu_{X_1},\mu_{X_2},\cdots,\mu_{X_n})\in\Omega$，称为 Ω 空间的中心点，它是以各基本变量的均值为坐标。结构的功能函数为 $Z=g(X_1,X_2,\cdots,X_n)$，极限状态方程为 $Z=g(X_1,X_2,\cdots,X_n)=0$。

极限状态方程 $Z=0$ 所对应的曲面将空间 Ω 分为结构的可靠区和失效区，$Z=0$ 所对应的曲面称为失效边界，中心点 M 位于结构的可靠区内。

中心点法是在中心点 M 处将结构的功能函数 $Z=g(X_1,X_2,\cdots,X_n)$ 展开成泰勒级数，并只取到一次项，对结构的功能函数作线性化处理：

$$Z=g(\mu_{X_1},\mu_{X_2},\cdots,\mu_{X_n})+\sum_{i=1}^{n}(X_i-\mu_{X_i})\frac{\partial g}{\partial X_i}\bigg|_{\mu} \tag{5-1}$$

此时，Z 的统计参数为

$$\left.\begin{array}{l}\mu_Z=g(\mu_{X_1},\mu_{X_2},\cdots,\mu_{X_n})\\[2mm]\sigma_Z=\sqrt{\sum_{i=1}^{n}\left[(X_i-\mu_{X_i})\frac{\partial g}{\partial X_i}\big|_{\mu}\right]^2}\end{array}\right\} \tag{5-2}$$

计算式（5-2）通常被称为误差传递公式。由式（5-2）及可靠指标的定义，按中心点法计算结构可靠指标的公式为

$$\beta = \frac{\mu_Z}{\sigma_Z} = \frac{g(\mu_{X_1}, \mu_{X_2}, \cdots, \mu_{X_n})}{\sqrt{\sum_{i=1}^{n} \left[(X_i - \mu_{X_i}) \frac{\partial g}{\partial X_i}|_{\mu} \right]^2}} \tag{5-3}$$

由式(5-3)，可按 $p_f = \Phi(-\beta)$ 计算结构的失效概率。并由此计算结构的可靠度 $p_r(p_s)$ $= 1 - p_f$。

运用中心点法进行结构可靠度计算时，不必知道基本变量的概率分布，只需知道其统计参数——均值和标准差或变异系数，即可按公式(5-3)计算出结构的可靠指标 β 值以及失效概率 p_f。

在运用中心点法计算结构可靠指标 β 值以及失效概率 p_f 时，若 β 值较小，即 p_f 值较大 $(p_f \geq 10^{-3})$ 时，p_f 值对基本变量联合概率分布类型不敏感，由各种合理分布计算出的 p_f 值大致在同一个数量级内；若 β 值较大，即 p_f 值较小 $(p_f \leq 10^{-5})$ 时，p_f 值对基本变量联合概率分布类型很敏感，此时，概率分布不同，计算出的 p_f 值可在几个数量级范围内变化。因此，在运用中心点法进行结构可靠度计算时，对可靠指标 $\beta = 1.0 \sim 2.0$ 的计算结果精度高；当 $p_f < 10^{-5}$ 时，当基本变量不服从正态分布或对数正态分布时，运用中心点法计算结构可靠度的结果与结构的实际情况出入较大，这时一般不能直接采用中心点法进行计算。

中心点法对非线性结构的功能函数进行了线性化处理，计算可靠指标用到的统计参数最高阶数为二阶，故该方法又被称为一次二阶矩方法。中心点法的优点是概念清楚、计算简单、便于实际应用。即使不知道基本变量的概率分布类型，也可将可靠指标计算出来。但其缺点也很明显：一是功能函数的线性化中在平均值处展开不尽合理，所以误差较大，且这个误差是无法避免的；二是对同一个结构的力学意义相同但数学形式不同的结构功能函数中心点法计算的可靠指标可能不同，这将使设计人员无所适从；三是，没有考虑基本变量的概率分布信息。第一个缺点将在下一节验算点法中进行讨论，第三个确定前面已经论及，下面通过一个钢拉杆的可靠度计算说明第二个缺点。

例5-1　一圆截面钢结构直杆，承受拉力 $P = 100$ kN，已知材料的强度设计值 f_y 的均值 $\mu_{f_y} = 290$ N/mm^2，标准差 $\sigma_{f_y} = 25$ N/mm^2；杆的直径 d 的均值 $\mu_d = 30$ mm，标准差 $\sigma_d = 3$ mm，求此杆的可靠指标 β。

解　结构的基本变量为 f_y 和 d，用极限荷载表示的结构极限状态方程为

$$Z = g(f_y, d) = \frac{\pi}{4} d^2 f_y - P = 0$$

故

$$\frac{\partial g}{\partial f_y}\bigg|_{(\mu_{f_y}, \mu_d)} = \frac{\pi}{4} \mu_d^2 = 706.86$$

$$\frac{\partial g}{\partial d}\bigg|_{(\mu_{f_y}, \mu_d)} = \frac{\pi}{2} \mu_{f_y} \mu_d = 13665.93$$

由(5-3)式得

$$\beta = \frac{\mu_Z}{\sigma_Z} = \frac{g(\mu_{f_y}, \mu_d)}{\sqrt{\left(\frac{\partial g}{\partial f_y}\sigma_{f_y}\right)^2 + \left(\frac{\partial g}{\partial d}\sigma_d\right)^2}} = \frac{\frac{\pi}{4} \times 30^2 \times 290 - 100000}{\sqrt{(706.86 \times 25)^2 + (13665.93 \times 3)^2}} = 2.35$$

在此例中，如果采用结构应力极限状态方程来求 β 值，将会得到不同的 β 值，应力极限状态方程为

$$Z = g(f_y,\ d) = f_y - 4P/\pi d^2 = 0$$

故

$$\frac{\partial g}{\partial f_y}\bigg|_{(\mu_{f_y},\ \mu_d)} = 1,\ \frac{\partial g}{\partial d}\bigg|_{(\mu_{f_y},\ \mu_d)} = \frac{8P}{\pi \mu_d^2}9.43$$

由(5 – 3)式得

$$\beta = \frac{\mu_Z}{\sigma_Z} = \frac{g(\mu_{f_y},\ \mu_d)}{\sqrt{\left(\dfrac{\partial g}{\partial f_y}\sigma_{f_y}\right)^2 + \left(\dfrac{\partial g}{\partial d}\sigma_d\right)^2}} = \frac{290 - 4 \times 100000/(\pi \times 30^2)}{\sqrt{(1 \times 25)^2 + (9.43 \times 3)^2}} = 3.93$$

该例说明了中心点法的第二个缺点，对同一个钢拉杆，采用力学意义相同但数学形式不同的结构功能函数，中心点法计算的可靠指标不同，这使得工程设计人员无所适从。

5.2　验算点法

很多学者针对中心点法的缺点，对它提出改进的方法。Hasofer、Lind、Rackwitz 和 Fiessler 等人提出了验算点法，它经系统改进后为结构安全度联合委员会(JCSS)所采用并推荐给土木工程界。这个方法也被很多国家所采纳，我国也是以该方法作为可靠性校准的基础。

验算点法主要在以下两个方面对中心点法进行改进：首先，当功能函数 Z 为非线性时，不以通过中心点的超切平面作为线性近似，而以通过 $Z = 0$ 上的某一点 $P^*(x_1^*,\ x_2^*,\ \cdots,\ x_n^*)$ 的超切平面作为线性近似，这一点称为验算点，以避免中心点方法中的误差；另外，当基本变量 X_i 具有概率分布的信息时，将 X_i 的分布在 $P^*(x_1^*,\ x_2^*,\ \cdots,\ x_n^*)$ 处以与正态分布等价的条件，变换为当量正态分布，这样可使所得的可靠指标 β 与失效概率 p_f 之间有一个明确的对应关系，从而在 β 中合理地反映了分布类型的影响。

5.2.1　随机变量服从正态分布的情况

设结构的功能函数为 $Z = g(X_1,\ X_2,\ \cdots,\ X_n)$，极限状态方程为 $Z = g(X_1,\ X_2,\ \cdots,\ X_n) = 0$。$X_1,\ X_2,\ \cdots,\ X_n$ 为相互独立的正态随机变量，其统计参数为：均值 μ_{X_i}、标准差 σ_{X_i}。由 X_i $(i = 1,\ 2,\ \cdots,\ n)$ 生成 n 维正态空间记为 X 空间。按

$$U_i = \frac{X_i - \mu_{X_i}}{\sigma_{X_i}} \tag{5 – 4}$$

将 X 空间变换到标准正态空间——U 空间，得

$$Z = g_1(U_1,\ U_2,\ \cdots,\ U_n) \tag{5 – 5}$$

按 Hasofer 和 Lind 对可靠指标 β 的定义：可靠指标是标准正态空间内坐标原点到极限状态超曲面 $Z = 0$ 的最短距离。在超曲面 $Z = 0$ 上离坐标原点 M 最近的点 $P^*(u_1^*,\ u_2^*,\ \cdots,\ u_n^*)$ 即为验算点。这样很容易写出通过验算点 P^* 超曲面 $Z = 0$ 的超切平面的方程式

$$Z' = g_1(u_1^*,\ u_2^*,\ \cdots,\ u_n^*) + \sum_{i=1}^{n}(U_i - u_i^*)\frac{\partial g_1}{\partial U_i}\bigg|_{P^*} \tag{5 – 6}$$

由于 P^* 是 $Z = g_1(\cdot)$ 上的一点，因此 $g_1(u_1^*, u_2^*, \cdots, u_n^*) = 0$，则得超切平面的方程式为

$$Z' = \sum_{i=1}^{n} (U_i - u_i^*) \frac{\partial g_1}{\partial U_i} \Big|_{P^*} \qquad (5-7)$$

原点到该切平面的距离也就是可靠指标 β，根据点到平面距离的计算公式，从而可得

$$\beta = \frac{-\sum_{i=1}^{n} \frac{\partial g_1}{\partial U_i} \Big|_{P^*} u_i^*}{\sqrt{\sum_{i=1}^{n} \left(\frac{\partial g_1}{\partial U_i} \Big|_{P^*} \right)^2}} \qquad (5-8)$$

令

$$\alpha_i = \frac{-\frac{\partial g_1}{\partial U_i} \Big|_{P^*}}{\sqrt{\sum_{i=1}^{n} \left(\frac{\partial g_1}{\partial U_i} \Big|_{P^*} \right)^2}} \qquad (5-9)$$

则 $\beta = \sum_{i=1}^{n} \alpha_i u_i^*$，且 $\sum_{i=1}^{n} \alpha_i^2 = 1$，因此 α_i 就是 MP^* 的方向余弦，从而可得

$$u_i^* = \alpha_i \beta \qquad (5-10)$$

仍变换回 X 空间，可得

$$x_i^* = \mu_{X_i} + \alpha_i \beta \sigma_{X_i} \qquad (5-11)$$

因为

$$\frac{\partial g_1}{\partial U_i} \Big|_{P^*} = \frac{\partial g_1}{\partial X_i} \Big|_{P^*} \sigma_{X_i}$$

得

$$\alpha_i = \frac{-\frac{\partial g}{\partial X_i} \Big|_{P^*} \sigma_{X_i}}{\sqrt{\sum_{i=1}^{n} \left(\frac{\partial g}{\partial X_i} \Big|_{P^*} \sigma_{X_i} \right)^2}} \qquad (5-12)$$

此外

$$g(x_1^*, x_2^*, \cdots, x_n^*) = 0 \qquad (5-13)$$

式(5-11)~式(5-13)中包含的 x_i^*，α_i 及 β 共 $2n+1$ 个未知数，基本变量的均值 μ_{X_i} 和标准差 σ_{X_i} 已知时，就可解上述联立方程式，确定验算点的位置和相应的 β 值，式中的 α_i 也称为敏感性系数，它实际上是反映了各基本变量的不确定性对结构可靠度影响的权。一般宜采用逐次迭代法解上述的方程组。

5.2.2   随机变量不服从正态分布的情况

当基本变量均为正态分布时，可直接由计算所得的 β 估计结构的失效概率。不然，应按 Rackwitz - Fiessler 的算法，将非正态的基本变量 X_i 在验算点处，根据分布函数 $F_{X_i}(x)$ 及密度函数 $f_{X_i}(x)$ 等价条件变换为当量正态的变量 X_i'，并确定 X_i' 的平均值 $\mu_{X_i'}$ 和标准差 $\delta_{X_i'}$，如图 5-1 所示。当量正态化的条件为，在验算点处基本变量 X_i 和当量正态的变量 X_i' 的分布函

数及概率密度函数值相等，即

$$F_{X_i}(x_i^*) = F_{X_i'}(x_i^*) \qquad (5-14-1)$$

$$f_{X_i}(x_i^*) = f_{X_i'}(x_i^*) \qquad (5-14-2)$$

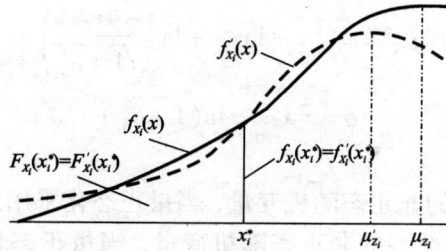

图 5-1　当量正态化条件

由于 X_i' 服从正态分布，则由

$$F_{X_i'}(x_i^*) = \Phi\left(\frac{x_i^* - \mu_{X_i'}}{\sigma_{X_i'}}\right) = F_{X_i}(x_i^*)$$

得

$$\frac{x_i^* - \mu_{X_i'}}{\sigma_{X_i'}} = \Phi^{-1}\left[F_{X_i}(x_i^*)\right]$$

从而得

$$\mu_{X_i'} = x_i^* - \Phi^{-1}\left[F_{X_i}(x_i^*)\right]\sigma_{X_i'} \qquad (5-15)$$

按在验算点上密度函数相等的条件

$$f_{X_i'}(x_i^*) = \frac{1}{\sigma_{X_i'}}\varphi\left(\frac{x_i^* - \mu_{X_i'}}{\sigma_{X_i'}}\right) = f_{X_i}(x_i^*)$$

可得

$$\sigma_{X_i'} = \varphi\left(\frac{x_i^* - \mu_{X_i'}}{\sigma_{X_i'}}\right)\Big/ f_{X_i}(x_i^*) = \varphi\left\{\Phi^{-1}\left[F_{X_i}(x_i^*)\right]\right\}\Big/ f_{X_i}(x_i^*) \qquad (5-16)$$

式中 $\Phi(\cdot)$ 和 $\Phi^{-1}(\cdot)$ 为标准正态分布函数和它的反函数；$\varphi(\cdot)$ 为标准正态分布的密度函数。

当基本变量 X_i 为对数正态分布时，其当量正态变量 X_i' 的平均值和标准差的计算公式可进一步简化。对于对数正态的基本变量 X_i 有

$$F_{X_i}(x_i^*) = \Phi\left(\frac{\ln x_i^* - \mu}{\sigma}\right) = \Phi\left(\frac{x_i^* - \mu_{X_i'}}{\sigma_{X_i'}}\right)$$

$$f_{X_i}(x_i^*) = \frac{1}{x_i^*\sigma}\varphi\left(\frac{\ln x_i^* - \mu}{\sigma}\right) = \frac{1}{\sigma_{X_i'}}\varphi\left(\frac{x_i^* - \mu_{X_i'}}{\sigma_{X_i'}}\right)$$

则有

$$\frac{\ln x_i^* - \mu}{\sigma} = \frac{x_i^* - \mu_{X_i'}}{\sigma_{X_i'}} \qquad (5-17)$$

$$\mu_{X'_i} = x_i^* - \left(\frac{\ln x_i^* - \mu}{\sigma}\right)\sigma_{X'_i} \tag{5-18}$$

$$\sigma_{X'_i} = x_i^* \sigma \tag{5-19}$$

将式$(2-22)$代入式$(5-18)$和式$(5-19)$，可得

$$\mu_{X'_i} = x_i^* \left(1 - \ln x_i^* + \ln \frac{\mu_{X_i}}{\sqrt{1+\delta_{X_i}^2}}\right) \tag{5-20}$$

$$\sigma_{X'_i} = x_i^* \sqrt{\ln(1+\delta_{X_i}^2)} \tag{5-21}$$

式中δ_{X_i}为X_i的变异系数。

对于服从对数正态分布的非正态随机变量，当量正态化采用式$(5-20)$和式$(5-21)$，计算相对简便。对于其他分布类型的非正态随机变量，当量正态化采用式$(5-15)$和式$(5-16)$进行。当量正态化后，采用当量正态变量X'_i的平均值$\mu_{X'_i}$和标准差$\delta_{X'_i}$代替X_i的平均值μ_{X_i}和标准差δ_{X_i}按式$(5-11)\sim$式$(5-13)$采用迭代法计算验算点的位置和相应的β值。

5.2.3　验算点法的计算步骤

按验算点法计算时，验算点x_i^*和β用逐次迭代的方法依照下述步骤进行：

（1）列出极限状态条件$g(X_1, X_2, \cdots, X_n) = 0$，并确定所有基本变量$X_i$的分布类型和统计参数均值和标准差；

（2）假定x_i^*和β的初始值，一般取x_i^*的初始值等于X_i的平均值，相当于β的初始值为零；

（3）对非正态变量在x_i^*的初始值处按式$(5-15)$和式$(5-16)$或式$(5-20)$和式$(5-21)$计算其当量正态变量的平均值和标准差分别代替原有的平均值和标准差；

（4）按式$(5-12)$求方向余弦α_i；

（5）将x_i^*代入式$(5-13)$解β；

（6）由式$(5-11)$计算x_i^*的新值。

重复第（3）步到第（6）步，直到前后两次计算所得的β值之差不超过容许限值（例如0.01）。

例5-2　假定钢梁承受确定性的弯矩$M = 128.8$ kNm，钢梁截面的塑性抵抗矩W和屈服强度f都是随机变量，已知其分布类型和统计参数：

抵抗矩W：正态分布，$\mu_W = 884.9 \times 10^{-6}$ m³，$\delta_W = 0.05$；

屈服强度f：对数正态分布，$\mu_f = 262$ MPa，$\delta_f = 0.10$。

计算钢梁的可靠指标β。

解　W为正态变量，$\mu_W = 884.9 \times 10^{-6}$ m³，$\sigma_W = 0.05 \times 884.9 \times 10^{-6} = 44.245 \times 10^{-6}$ m³

$$\mu_{f'} = f^* \left(1 - \ln f^* + \ln \frac{\mu_f}{\sqrt{1+\delta_f^2}}\right) = f^* (6.5634 - \ln f^*) \, (\text{MPa})$$

$$\sigma_f' = f^* \sqrt{\ln(2+\delta_f^2)} = 0.09975 f^* \, (\text{MPa})$$

f为对数正态变量，在验算点(f^*, W^*)处的当量正态变量f'，相应的统计参数

采用逐次迭代法，β的初始值取0，相应的验算点初始位置为(μ_f, μ_W)，将迭代求解过程列于表$5-1$中。最后得$\beta = 5.169$，也即失效概率$p_f \approx 1.0 \times 10^{-7}$。本例中，采用中心点法求

得 $\beta = 4.283$。

表 5 - 1　β 的迭代求解过程

No.	X_i	β	x_i^*	σ_{x_i}'	μ_{x_i}'	α_i	β	$\Delta\beta$
1	f	0	262.00×10^6	26.13×10^6	260.70×10^6	-0.895	4.269	4.269
	w		884.90×10^{-6}	44.25×10^{-6}	884.90×10^{-6}	-0.446		
2	f	4.269	160.86×10^6	16.05×10^6	238.53×10^6	-0.803	5.161	0.892
	w		800.66×10^{-6}	44.25×10^{-6}	884.80×10^{-6}	-0.596		
3	f	5.161	172.01×10^6	17.16×10^6	243.54×10^6	-0.816	5.169	0.008
	w		748.80×10^{-6}	44.25×10^{-6}	884.90×10^{-6}	-0.579		

验算点法也可用于已知可靠指标 β，计算某个统计参数。

例 5 - 3　悬臂木梁按允许挠度为 1/200 跨长设计梁的截面尺寸。假设可以接受的失效概率 $P_f = 0.115$，即 $\beta = 1.2$；悬臂梁跨长 $L = 3.6$ m，不考虑跨长的尺寸变异；均布荷载 q，木料弹性模量 E 及截面惯性矩 I 均按随机变量考虑，并假定：q 为极值 I 型变量，$\mu_q = 3$ kN/m，$\delta_q = 0.17$；E 为正态变量，$\mu_E = 17000$ Mpa，$\delta_E = 0.21$；I 为正态变量，$\delta_I = 0.20$。采用验算点法确定所必需的 μ_I。

解　功能函数为 $Z = \Delta - qL^4/(8EI)$

其中 q、E、I 为基本变量，$L = 3.6$ m，$\Delta = L/200 = 0.018$ m

计算公式为：$\Delta - q^* L^4/(8E^* I^*) = 0$，

则 $I = q^* L^4/(8E^* \Delta^*)$，$q^* = (1 + \alpha_q \beta \delta_{q'})\mu_{q'}$

$$E^* = (1 + \alpha_E \beta \delta_E)\mu_E \qquad I^* = (1 + \alpha_I \beta \delta_I)\mu_I$$

则得 $\mu_I = I^*/(1 + \alpha_I \beta \delta_I)$

又

$$\alpha_q = \frac{\sigma_{q'}}{\Omega}; \quad \alpha_E = \frac{-\dfrac{q^*}{E^*}\sigma_E}{\Omega}; \quad \alpha_q = \frac{-\dfrac{q^*}{I^*}\sigma_I}{\Omega};$$

$$\Omega = \sqrt{\sigma_q^2 + \left(\frac{q^*}{E^*}\sigma_E\right)^2 + \left(\frac{q^*}{I^*}\sigma_I\right)^2}$$

对极值 I 型变量 q

$$F(q) = \exp\{-\exp[-\alpha(q - \beta_q)]\}$$
$$f(q) = \alpha\exp[-\alpha(q - \beta_q)]\exp\{-\exp[-\alpha(q - \beta_q)]\}$$

其中

$$\alpha = 1.2825/\sigma_q = 2.515 \times 10^{-3} \text{ m/N},$$
$$\beta_q = \mu_q - 0.5772/\alpha = 2.770 \times 10^3 \text{ N/m}$$

得当量正态变量 q' 的统计参数

$$\mu_{q'} = q^* - \Phi^{-1}[F(q^*)]\sigma_{q'}$$

$$\sigma_{q'} = \phi\{\Phi^{-1}[F(q^*)]\}/f(q^*)$$

采用逐次迭代法，取 α_i 的初始值为 $1/\mathrm{sqr}(n) = 0.577$，将迭代求解过程列于表 5 – 2 及表 5 – 3 中。最后得 $\mu_I = 3.0675 \times 10^{-4}\mathrm{m}^4 = 30675\ \mathrm{cm}^4$，可采用 14 cm × 30 cm 的截面尺寸。

表 5 – 2　μ_I 的迭代求解过程

No.	X_i	μ_{X_i}	σ_{X_i}	α_i	X_I^*	abs$(\Delta\mu_I)/\mu_I$
1	q	3.00×10^3	0.51×10^3	0.577	3.353×10^{-3}	
	E	17000×10^6	3570×10^6	0.577	19473×10^6	
	I			0.577	2.0085×10^{-4}	
2	q	2.763×10^3	0.72×10^3	0.646	3.321×10^{-3}	
	E	17000×10^6	3570×10^6	-0.551	14639×10^6	
	I	1.7641×10^{-4}	0.3528×10^{-4}	-0.528	2.6460×10^{-4}	
3	q	2.855×10^3	0.606×10^3	0.479	3.203×10^{-3}	
	E	17000×10^6	3570×10^6	-0.640	14258×10^6	0.418
	I	3.6299×10^{-4}	0.6060×10^{-4}	-0.601	2.6202×10^{-4}	
4	q	2.885×10^3	0.562×10^3	0.456	3.193×10^{-3}	
	E	17000×10^6	3570×10^6	-0.650	14215×10^6	0.010
	I	3.0619×10^{-4}	0.6124×10^{-4}	-0.608	2.6199×10^{-4}	
5	q	2.887×10^3	0.558×10^{-3}	0.453		
	E	17000×10^6	3570×10^6	-0.652		0.002
	I	3.0675×10^{-4}	0.6135×10^{-4}	-0.608		

表 5 – 3　μ_I 的迭代求解过程（q 的当量正态）

No.	q^* ($\times 10^3$)	$-\alpha(q^* - \beta_q)$	$F(q^*)$	$f(q^*)$ ($\times 10^{-3}$)	$\Phi^{-1}[F(q^*)]$	$\sigma_{q'}$ ($\times 10^3$)	$\mu_{q'}$ ($\times 10^3$)
1	3.353	-1.466	0.7939	0.3959	0.820	0.720	2.763
2	3.321	-1.386	0.7787	0.4899	0.768	0.606	2.855
3	3.203	-1.089	0.7142	0.6045	0.586	0.562	2.855
4	3.193	-1.064	0.7081	0.6147	0.548	0.558	2.887

　　由于影响结构可靠度的因素既多又复杂，有些因素的研究尚不够深入，因此很难用一种统一的方法准确确定基本变量的概率分布类型。近 20 年来，国内外不少学者致力于寻找一种统一的近似计算方法，用来计算结构的可靠度。在一般情况下，一阶矩（均值）和二阶矩（标准差）是比较容易得到的参数，故国内外目前采用的结构可靠度计算方法的特点是：仅用均值和标准差来描述所有基本变量的统计特征；当结构功能函数为非线性函数时，则设法对其进行线性化处理，具有这种特点的方法称为一次二阶矩法（FOSM）。中心点法和验算点法就是属于一次二阶矩法。

5.3　蒙特卡洛(Monte Carlo)法

蒙特卡洛法是一种采用随机模拟和统计抽样理论近似求解数学问题或物理问题的方法，所以又称为随机模拟法或统计试验法。结构可靠度所讨论的问题实质上是随机事件的概率问题，除了前面所介绍的计算方法外，还可以采用蒙特卡洛方法进行模拟。

用蒙特卡洛方法模拟结构的失效概率时，由于模拟次数总是有限的，所以模拟结果是一个随机变量。评价蒙特卡洛方法模拟结果好坏或模拟效率的指标是失效概率模拟结果的变异系数的大小。变异系数较小，模拟的准确性较高，模拟结果的可信度较大；相反，变异系数较大，模拟的准确性不高，模拟结果的可信度不大。为提高蒙特卡洛方法估算精度，一种方法是增加模拟的次数，称为一般抽样法；另一种方法是采用一定的方法降低失效概率的变异系数，称为重要抽样法。

5.3.1　一般抽样法

设 X_1, X_2, $\cdots$, X_n 为 n 个随机变量，其概率密度函数分别为 $f_{X_1}(x_1)$, $f_{X_2}(x_2)$, $\cdots$, $f_{X_n}(x_n)$，由这 n 个随机变量表示的结构功能函数为

$$Z = g_X(X_1, X_2, \cdots, X_n)$$

则失效概率可表示为

$$p_f = \iint_{g_X(x)<0} \cdots \int f_{X_1}(x_1)f_{X_2}(x_2)\cdots f_{X_n}(x_n)\mathrm{d}x_1\mathrm{d}x_2\cdots\mathrm{d}x_n$$

$$= \int_{-\infty}^{+\infty}\int_{-\infty}^{+\infty}\cdots\int_{-\infty}^{+\infty} I[g_X(x_1, x_2, \cdots, x_n)]f_{X_1}(x_1)f_{X_2}(x_2)\cdots f_{X_n}(x_n)\mathrm{d}x_1\mathrm{d}x_2\cdots\mathrm{d}x_n$$

$$= E\{I[g_X(X_1, X_2, \cdots, X_n)]\} \tag{5-22}$$

其中，$I[g_X(x_1, x_2, \cdots, x_n)]$ 表示示性函数，式(5-22)表示失效概率为示性函数的期望值。

对随机变量 X_1, X_2, $\cdots$, X_n 进行随机抽样产生一组样本向量 $(x_1^{(1)}, x_2^{(1)}, \cdots, x_n^{(1)})$, $(x_1^{(2)}, x_2^{(2)}, \cdots, x_n^{(2)})$, $\cdots$, $(x_1^{(N)}, x_2^{(N)}, \cdots, x_n^{(N)})$，根据式(5-22)，结构失效概率的估计值为

$$p_f' = \frac{1}{N}\sum_{j=1}^{N} I[g_X(x_1^{(j)}, x_2^{(j)}, \cdots, x_n^{(j)})] = \frac{N_f}{N} \tag{5-23}$$

其中

$$N_f = \sum_{j=1}^{N} I[g_X(x_1^{(j)}, x_2^{(j)}, \cdots, x_n^{(j)})] \tag{5-24}$$

表示 N 次模拟试验中结构失效的次数。

由式(5-24)可知，蒙特卡洛方法模拟分析结构的失效概率时，不需要考虑极限状态超曲面的形状和复杂性，只需要根据随机抽样的样本值计算功能函数的值，并判断该值是否小于0。当随机点落入可靠区域，功能函数大于0，示性函数的值取0，当随机点落入失效区域，功能函数小于0，示性函数的值取1。由式(5-23)估计的失效概率的平均值[21, 22]为

$$\mu_{p_f'} = E(p_f') = \frac{1}{N}\sum_{j=1}^{N} E\{I[g_X(x_1^{(j)}, x_2^{(j)}, \cdots, x_n^{(j)})]\}$$

$$= \frac{1}{N} \times N \times E\{I[g_X(x_1^{(j)}, x_2^{(j)}, \cdots, x_n^{(j)})]\} = p_f \qquad (5-25)$$

所以，p_f' 是 p_f 的无偏估计。由式(5-23)估计失效概率的方差[21][22]为

$$\sigma_{p_f'}^2 = E[p_f' - E(p_f)]^2 = \frac{1}{N}(p_f - p_f^2) \qquad (5-26)$$

相应的变异系数为

$$\delta_{p_f'} = \frac{\sigma_{p_f'}}{\mu_{p_f'}} = \sqrt{\frac{1-p_f}{Np_f}} \qquad (5-27)$$

当规定了要求的模拟精度(即变异系数)后，由下式估计需要的模拟次数

$$N = \frac{1-p_f}{\delta_{p_f'}^2 p_f} \qquad (5-28)$$

式(5-27)和式(5-28)表示结构失效概率的模拟精度或模拟次数与失效概率之间的关系。尽管失效概率的值是一个待求量，但就实际工程而言，其数量级是已知的，一般为 $p_f = 10^{-3} \sim 10^{-5}$。这样为达到规定的精度就可以采用式(5-28)估算出所需模拟的次数，比如变异系数为 0.1 时，需要模拟的次数达 $10^5 \sim 10^7$。由此可见，一般抽样法的计算量很大，因此，一般抽样法仅适用于可靠度不高或计算精度要求不高的情况。

一般抽样法计算结构失效概率的步骤为：

(1)根据结构失效概率的数量级和计算精度要求，按式(5-28)估算出所需模拟的次数 N；

(2)利用随机数产生的方法，产生随机变量 X_1，X_2，$\cdots$，X_n 的 N 组样本向量；

(3)由式(5-25)计算 N 次模拟试验中结构失效的次数 N_f；

(4)由式(5-23)估计结构的失效概率。

5.3.2　重要抽样法

结构失效问题是小概率事件，在一定的模拟次数下，一般抽样法的精度很低，模拟效率不高。如图 5-2(a)所示，当按一般抽样法对随机变量进行抽样时，样本点落在最大似然点处的概率最大，最大似然点在可靠区域内，一般远离失效边界。这样，模拟中只有极少数的样本点落入失效区域内，落入失效区域的样本点越少，失效概率的估计值的不确定性越大，从而估计的精度越低。

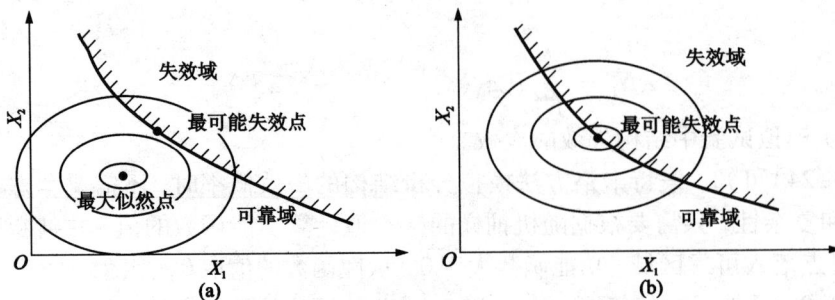

图 5-2　一般抽样和重要抽样的概念

(a)一般抽样；(b)重要抽样

提高蒙特卡洛方法精度或抽样效率的一个途径是减小失效概率估计值的变异系数。通过改变抽样中心的位置或者用新的概率分布对随机变量进行抽样来估计失效概率的值，从而达到减小变异系数的目的，即所谓的重要抽样法。如图 5 - 2(b)所示，为增大样本点落入失效区域的机会，将随机变量抽样的中心选在对结构失效概率影响最大的点——最可能失效点，一般可选在验算点法分析得到的验算点。重要抽样法的抽样策略即是在最可能失效点附近区域产生模拟的样本值，从而达到减小失效概率估计值变异性的目的。重要抽样随机变量的中心选在对结构失效概率影响最大的点，假定抽样的新概率密度函数为 $p_X(x_1, x_2, \cdots, x_n)$，该点可通过如下优化方法确定：

$$\left. \begin{array}{l} \max p_X(x_1, x_2, \cdots, x_n) \\ s.t.\ g_X(x_1, x_2, \cdots, x_n) = 0 \end{array} \right\} \tag{5-29}$$

根据式(5 - 22)，结构失效概率的表达式可写为

$$\begin{aligned} p_f &= \int_{-\infty}^{+\infty} \int_{-\infty}^{+\infty} \cdots \int_{-\infty}^{+\infty} \frac{I[g_X(x_1, x_2, \cdots, x_n)] f_{X_1}(x_1) f_{X_2}(x_2) \cdots f_{X_n}(x_n)}{p_X(x_1, x_2, \cdots, x_n)} \times \\ & \qquad p_X(x_1, x_2, \cdots, x_n) \mathrm{d}x_1 \mathrm{d}x_2 \cdots \mathrm{d}x_n \\ &= E\left\{ \frac{I[g_X(X_1, X_2, \cdots, X_n)] f_{X_1}(X_1) f_{X_2}(X_2) \cdots f_{X_n}(X_n)}{p_X(X_1, X_2, \cdots, X_n)} \right\} \end{aligned} \tag{5-30}$$

如果 $p_X(x_1, x_2 \cdots x_n)$ 作为重要抽样的概率密度函数进行随机抽样，在得到 N 个样本向量后，即可由下式得到结构失效概率的估计值

$$p_f' = \frac{1}{N} \sum_{j=1}^{N} \frac{I[g_X(x_1^{(j)}, x_2^{(j)}, \cdots, x_n^{(j)})] f_{X_1}(x_1^{(j)}) f_{X_2}(x_2^{(j)}) \cdots f_{X_n}(x_n^{(j)})}{p_X(x_1^{(j)}, x_2^{(j)}, \cdots, x_n^{(j)})} \tag{5-31}$$

由式(5 - 31)可见，重要抽样法的失效概率估计值表达式中，结构示性函数多了一个修正项，示性函数的权重不再为 1。p_f' 仍为一个随机变量，其平均值和方差分别为

$$\mu_{p_f'} = E(p_f') = p_f \tag{5-32}$$

$$\begin{aligned} \sigma_{p_f'}^2 &= E[p_f' - E(p_f)]^2 \\ &= \frac{1}{N} \left\{ \int_{-\infty}^{+\infty} \frac{I[g_X(x_1, x_2, \cdots, x_n)] f_{X_1}(x_1) f_{X_2}(x_2) \cdots f_{X_n}(x_n)}{p_X(x_1, x_2, \cdots, x_n)} \right\} \mathrm{d}x_1 \mathrm{d}x_2 \cdots \mathrm{d}x_n - p_f^2 \end{aligned} \tag{5-33}$$

如果将抽样中心取为一次二阶矩方法分析得到的验算点，则一般重要抽样法估计的失效概率的方差近似为

$$\sigma_{p_f'}^2 = \frac{1}{N} [\exp(\beta^2) \Phi(-2\beta) - p_f^2] \tag{5-34}$$

一般重要抽样法估计结构失效概率的步骤为：

(1)由式(5 - 29)或借助于一次二阶矩方法，确定重要抽样中心(可取一次二阶矩方法分析得到的验算点)；

(2)选取用于重要抽样的概率分布，可选原来的概率分布，也可选正态分布。不管如何选取，其平均值取重要抽样中心的值；

(3)根据选取的抽样分布产生样本向量；

(4)分别由式(5 - 32)和式(5 - 33)估计结构失效概率和方差。

重点与难点

1. 教学重点是中心点法、验算点法。
2. 教学难点是验算点法和蒙特卡洛方法。

思考与练习

1. 简述中心点法的基本思路，并分析其优缺点。

2. 验算点法对中心点法作了哪些改进？

3. 非正态随机变量当量化的等价条件是什么？为什么要进行当量正态化？

4. 何谓重要抽样法？为何采用重要抽样法？

5. 简述采用一般抽样法的计算步骤。

6. 一简支梁，梁的承载功能函数为 $Z = W_P f - \dfrac{1}{4}PL - \dfrac{1}{8}qL^2$。已知：$\mu_{W_P} = 0.9 \times 10^{-4}\,\mathrm{m}^3$，$\mu_f = 20 \times 10^4\,\mathrm{kN/m}$；$\delta_{W_P} = 0.04$，$\delta_f = 0.05$。$\mu_P = 10\,\mathrm{kN}$，$\mu_q = 2\,\mathrm{kN/m}$；$\delta_P = 0.10$，$\delta_q = 0.15$。$L$ 为随机变量，$\mu_L = 4\,\mathrm{m}$，$\delta_L = 0.05$。采用中心点法计算可靠指标 β。

7. 承受恒载和楼面活荷载的钢筋混凝土轴心受压短柱，已知恒载产生的轴向力 N_G 为正态分布，活载产生的轴向力 N_L 为极值 I 型分布，截面承载能力（抗力）R 为对数正态分布，统计参数分别为 $\mu_{N_G} = 1159.1\,\mathrm{kN}$，$\sigma_{N_G} = 81.1\,\mathrm{kN}$，$\mu_{N_L} = 765.5\,\mathrm{kN}$，$\sigma_{N_L} = 222\,\mathrm{kN}$，$\mu_R = 4560\,\mathrm{kN}$，$\sigma_R = 729.6\,\mathrm{kN}$，极限状态方程为 $Z = R - NG - NL = 0$，求可靠指标 β 和设计验算点。

第 **6** 章

近似概率极限状态设计法

结构可靠性设计一般需解决三个主要问题：首先是确定结构的失效标准和失效模型；其次确定结构的目标可靠指标；最后是推求结构设计表达式。第一个问题已在前面介绍，这里将结合我国《工程结构可靠性设计统一标准》的有关规定，着重介绍后两个问题。

6.1　目标可靠指标

6.1.1　校准法

按照结构设计规范规定的设计表达式进行可靠度计算，求出按规范设计的结构或结构构件的可靠指标，在这种情况下反映的是一种结构或一类结构构件的可靠指标，代表了设计规范的可靠度水平，这一过程称为结构可靠度的校准。所谓校准法，是指通过对现行设计规范安全度的校核（反演计算），找出隐含于现行规范中的可靠指标，再经过综合分析和调整，据以制定今后设计规范采用的可靠指标。现行设计规范指校准法所要反演计算的规范。校准法通过对现行结构设计规范的反演分析，搞清现有结构设计总体的可靠度水准，并据此确定今后设计时取用的统一的可靠指标。这种做法，实质上是认为现行设计规范的可靠度水准在总体上是合理的，而对不合理的地方局部调整。采用"校准法"的优点在于：一是继承了现行规范的可靠度水准，保持了规范安全水准的连续性；二是避免了结构失效概率运算值与真正失效概率概念的混淆。

校准法的计算步骤如下：

（1）确定校准范围，如结构类型，结构材料形式，选取代表性的结构构件，包括构件的破坏形式；

（2）确定设计中基本变量的取值范围，如可变荷载标准值与永久荷载标准值比值的范围；

（3）分析需要校准的设计规范的设计表达式；

（4）根据构件在工程中的应用数量和重要性，确定一组权重系数；

（5）确定所校准结构可靠指标加权平均值。

我国在编制建筑、港口工程、水利水电工程、公路和铁路工程结构可靠度设计统一标准时，均对当时的结构设计规范进行了可靠度校准。

20 世纪 80 年代在编制《建筑结构设计统一标准》（GBJ 68—84）时，对按当时设计规范的结构可靠度进行了校准，校准结果如表 6-1 所示。此次校准选取了当时的五本结构设计规范的 14 种有代表性的钢、薄钢、钢筋混凝土、砖石、木结构构件，考虑到设计中常用的构件及其在结构工程中用量的比例,得到可靠指标总平均值为3.3,与其相对应的失效概率为1.8×10^{-4},这反映了我国当时结构可靠度的一般水准。这14种构件中属延性破坏者,β平均值为3.22。

表6-1　现行规范各种结构构件常用ρ情况的可靠指标

序号	结构构件种类		现行安全系数K	荷载效应常用比值ρ	常用ρ情况β的平均值		
					$S_G + S_L$(办)	$S_G + S_L$(住)	$S_G + S_W$
1	钢	轴心受压	1.41	0.25 0.5	3.110	2.89	2.66
2		偏心受压	1.41	1.0 2.0	3.29	3.04	2.83
3	薄钢	轴心受压	1.5	0.5 1.0	3.42	3.16	2.94
4		偏心受压	1.52	2.0 3.0	3.49	3.23	3.02
5	砖石	轴心受压	2.3	0.1	3.98	3.84	3.73
6		偏心受压	2.3	0.25 0.5	3.45	3.32	3.22
7		受剪	2.5	0.75	3.34	3.21	3.09
8	木	轴心受压	1.833	0.25 0.5	3.42	3.23	3.07
9		受弯	1.866	1.5	3.54	3.37	3.22
10	钢筋混凝土	轴心受拉	1.4	0.1	3.34	3.10	2.91
11		轴心受压	1.55	0.25	3.84	3.65	3.50
12		大偏心受压	1.55	0.5	3.84	3.63	3.47
13		受弯	1.4	1.0	3.51	3.28	3.09
14		受剪	1.55	2.0	3.24	3.04	2.88

　　结构设计中常遇到的是恒载G与一种可变荷载Q的简单组合情况,例如,恒载+办公楼楼面活荷载、恒载+住宅楼面活荷载、恒载+风荷载。目标可靠指标主要是在分析这三种荷载组合情况的基础上确定的。

　　在这三种荷载组合情况下,各本结构设计规范的设计表达式可归结为:

$$K(S_{G_K} + S_{Q_K}) = R_K \tag{6-1}$$

式中,K为规范取用(折算)的安全系数,S_{G_K}为恒载标准值效应,S_{Q_K}为可变荷载标准值效应(可为楼面活荷载标准值效应S_{L_K}或风荷载标准值效应S_{W_K}等),R_K为结构抗力标准值。

　　采用概率方法计算时,极限状态方程为:

$$R - S_G - S_Q = 0 \tag{6-2}$$

式中，R 为结构抗力，S_G 为恒载效应，S_Q 为可变荷载效应(可为楼面活荷载效应 S_L 或风荷载效应 S_W)，这些均为随机变量。

在只有一种可变荷载参与组合的情况下，楼面活荷载 L、风荷载 W 均取设计基准期最大荷载随机变量。G、L、W 的统计特征见第 2 章。可假定荷载与荷载效应呈线性关系，则 G、L、W 的统计特征分别适用于随机变量 S_G、S_L、S_W。

当可变荷载标准值效应与恒载标准值效应之比 $\rho(=S_{Q_k}/S_{G_k})$ 变化时，可靠指标 β 值也随之变化。然而若 ρ 为某一定值时，荷载效应的绝对值并不影响 β。

这是因为式(6-1)中，当荷载标准值效应增大或减小时，结构抗力标准值也将按同一比例增大或减少，因而计算所得的 β 不变。因此，分析 β 时无须涉及具体的设计值，而只需给出荷载效应比值 ρ 作为变化参数，以概括实际工程中所遇到的各种受力情况。

可变荷载标准值效应与恒载标准值效应的常用比值对各类材料的结构是不同的，一般而言，砖石结构较低，薄钢结构较高。经统计和判断，常用比值 ρ 列于表 6-1 中。

下面以例题说明计算结构设计规范可靠指标的步骤。

例 6-1 已知极限状态方程

$$R - S_G - S_Q = 0$$

R 为对数正态分布，G 为正态分布，L 为极值 I 型分布，荷载效应比值 $\rho = 2.0$。求钢筋混凝土轴心受压构件的可靠指标 β。

解 (1)假定理 S_{Q_k} 为某一定值，根据比值 $\rho = S_{Q_k}/S_{G_k}$ 可得 S_{G_k}，然后由式(6-1)求出 R_k。取 $S_{L_k} = 10$，则

$$S_{G_k} = S_{L_k}/\rho = 10/2 = 5$$

由式(6-1)可得

$$R_k = 1.55(5 + 10) = 23.25$$

(2)根据求出的 S_{G_k}、S_{Q_k}、R_k 及第 2 章、第 4 章统计参数和表 6-1，可求出极限状态方程式(6-2)中各随机变量的平均值和标准差。

根据第 4 章统计参数和表 6-1，可得

$$\mu_R = K_R R_k = 23.25 \times 1.33 = 30.92$$
$$\sigma_R = \mu_R \delta_R = 30.92 \times 0.17 = 5.256$$

同理，根据第 2 章统计参数

$$\mu_{S_G} = 5 \times 1.06 = 5.3$$
$$\sigma_{S_G} = 5.3 \times 0.07 = 0.371$$
$$\mu_{S_L} = 10 \times 0.698 = 6.98$$
$$\sigma_{S_L} = 6.98 \times 0.288 = 2.01$$

(3)已知极限状态方程及各变量的分布类型、平均值和标准差，按第 5 章所述的验算点方法求可靠指标 β，计算得 β 值为 3.6。

为适应我国近年经济发展带来的社会需求的变化，20 世纪末和 21 世纪初，在修订各结构设计规范，又对荷载标准值和抗力项的有关系数进行了调整，调整前后的可靠指标如表 6-2~表 6-4 所示。

表 6 - 2　建筑结构的可靠指标(恒载 + 楼面活荷载)[7]

结构构件		原规范		新规范		备注
		办公楼	住宅	办公楼	住宅	
钢筋混凝土结构	轴心受拉	3.67	3.44	4.72	4.54	钢筋：HRB335 混凝土：C20 ~ C40
	轴心受压	4.30	4.12	5.36	5.22	
	受弯	3.49	3.28	4.45	4.28	
	平均值	3.82	3.61	4.84	4.68	
	总平均值	3.72		4.76		
砌体结构	轴心受拉	3.83	3.69	4.29	4.20	无筋砌体：烧结普通砖 混凝土小型砌块
	偏心受拉	3.81	3.69	4.35	4.26	
	受剪	3.82	3.69	4.36	4.27	
	平均值	3.82	3.69	4.33	4.24	
	总平均值	3.76		4.29		
钢结构	轴心受拉	3.18	2.93	3.85	3.64	
	轴心受压	3.09	2.83	3.75	3.53	
	压弯构件	3.17	2.93	3.76	3.51	
	平均值	3.15	2.90	3.79	3.56	
	总平均值	3.02		3.67		
薄钢结构	轴心受压 弯曲失稳	3.41	3.15	4.11	3.90	Q235 钢 Q345 钢
	轴心受压 弯扭失稳	4.05	3.83	4.82	4.65	
	偏心受压 弯矩作用平面内失稳	3.96	3.74	4.72	4.54	
	偏心受压 弯矩作用平面外失稳	3.56	3.32	4.25	4.06	
	受弯 整体失稳	3.36	3.10	4.08	3.87	
	平均值	3.67	3.43	4.40	4.20	
	总平均值	3.55		4.30		
木结构	轴心受拉	4.07	—	4.72	—	
	轴心受压	3.52	—	4.29	—	
	受弯	3.54	—	4.26	—	
	受剪	3.61	—	4.36	—	
	平均值	3.69	—	4.41	—	

表 6 - 3　建筑结构的可靠指标(恒载 + 风荷载)[7]

结构构件			原规范	新规范	备注
钢筋混凝土结构		轴心受拉	3.265	3.507	
		轴心受压	3.978	4.158	
		受弯	3.100	3.311	
		平均值	3.45	3.66	
钢结构		轴心受拉	2.69	2.95	
		轴心受压	2.59	2.84	
		压弯构件	2.71	2.93	
		平均值	2.66	2.91	
薄钢结构	轴心受压	弯曲失稳	2.920	3.191	Q235 钢 Q345 钢
		弯扭失稳	3.641	3.929	
	偏心受压	弯矩作用平面内失稳	3.542	3.826	
		弯矩作用平面外失稳	3.098	3.363	
	受弯	整体失稳	2.859	3.139	
		平均值	3.21	3.49	
		总平均值	3.13	3.38	

表 6 - 4　建筑结构的可靠指标(恒载 + 雪荷载)[7]

受力情况	原规范	新规范
轴拉	3.68	3.93
轴压	3.08	3.40
受弯	3.08	3.37
受剪	3.17	3.47
平均	3.25	3.54

　　在编制《港口工程结构可靠度设计统一标准》(GB 50158—1992)时,对 78 版的港口工程设计规范进行了可靠度校准,校准结果如表 6 - 5 所示。表 6 - 6 是文献[23]对《港口工程混凝土结构设计规范》(JTJ 267—1998)的可靠度校准结果。

表6-5　港口工程混凝土结构的可靠指标[7]

结构构件种类		S_Q^* 值							
		$\rho=1.0$	$\rho=1.5$	$\rho=2.5$	$\rho=4.0$	$\rho=5.0$	$\rho=6.0$	$\rho=7.5$	$\rho=10.0$
钢筋混凝土	轴心受拉	4.253		4.047		3.924		3.875	3.849
	轴心受压	4.930		4.708		4.708		4.517	4.488
	受弯	3.963		3.804		3.700		3.658	3.636
	受剪	3.364		3.452		3.461		3.458	3.455
	大偏拉	5.306		4.966		4.788		4.720	4.684
	小偏拉	3.956		3.830		3.737		3.698	3.677
	大偏压	4.926		4.642		4.486		4.425	4.339
	小偏压	4.878		4.681		4.553		4.502	4.474
	受扭	2.098		2.254		2.324		2.348	2.361
桩基	按试桩 ($K=1.7$)		3.763	3.726	3.684		3.653		
	按试桩 ($K=2.0$)		3.836	3.855	3.855		3.847		
防波堤	抗滑	3.2							
	抗倾	3.6							
地基	土坡稳定 ($K=1.1$) (施工期)	2.5							
重力式码头	抗倾 ($K=1.6$)	4.2							
	抗滑 ($K=1.3$)	3.45							

注：K 为安全系数。

表6-6　港口工程混凝土结构的可靠指标[23]

结构破坏类型		安全等级		
		一级	二级	三级
有预兆破坏	轴心受拉	5.033	4.586	4.085
	受弯	4.683	4.240	3.740
	大偏心受拉	4.790	4.349	3.852
	小偏心受压	4.783	4.340	3.841
	大偏心受压	4.404	3.953	3.440

续表6－6

结构破坏类型		安全等级		
		一级	二级	三级
无预兆破坏	轴心受压	5.069	4.666	4.215
	受剪	3.769	3.446	3.086
	小偏心受压	5.061	4.661	4.213

　　在编制《水利水电工程结构可靠性设计统一标准》(GB 50199—1994)时，对《水工钢筋混凝土结构设计规范》(SDJ 20—1978)进行了可靠度校准，校准结果如表6－7[7]所示。

表6－7　水工钢筋混凝土结构的可靠指标[7]

类别号	结构安全等级								
	Ⅰ级(1级)			Ⅱ级(2、3级)			Ⅲ级(4、5级)		
	延性破坏	脆性破坏	总体平均	延性破坏	脆性破坏	总体平均	延性破坏	脆性破坏	总体平均
1	4.00	3.98	3.99	3.34	3.67	3.53	2.85	3.39	3.16
2	4.00	4.01	4.00	3.33	3.71	3.55	2.85	3.41	3.17
3	3.99	4.07	4.03	3.33	3.76	3.57	2.85	3.45	3.19

　　其中序号1为按水平湾电站混凝土统计资料的分析结果；序号2为按全国水工混凝土覆盖80%批点数据的分析结果；序号3为按全国合格水平水工混凝土统计资料的分析结果。

　　在编制《公路工程结构可靠度设计统一标准》(GB/T 50283—1999)时，对《公路钢筋混凝土及预应力混凝土桥涵设计规范》(JTJ 023—1985)进行了可靠度校准，校准结果如表6－8[7]所示。

表6－8　公路桥涵钢筋混凝土结构的可靠指标[7]

车辆荷载分布类型	作用效应组合	车辆运行状态	延性破坏	脆性破坏	总平均
极值Ⅰ型	主要组合	一般运行状态	4.7043	5.2780	5.0073
		密集运行状态	4.7872	5.3213	5.0789
		平均	4.7457	5.2996	5.0431
	附加组合	一般运行状态	4.0813	4.7934	4.4451
		密集运行状态	4.0777	4.7903	4.4478
		平均	4.0795	4.7918	4.4464

续表6-8

车辆荷载分布类型	作用效应组合	车辆运行状态	延性破坏	脆性破坏	总平均
正态	主要组合	一般运行状态	4.9200	5.4332	5.2028
		密集运行状态	4.8420	5.3553	5.1268
		平均	4.8810	5.3942	5.1648
	附加组合	一般运行状态	4.2031	8.8969	4.5644
		密集运行状态	4.0882	4.8014	4.4603
		平均	4.1456	4.8491	4.5123

6.1.2 目标可靠指标的定义

目标可靠指标是设计规范规定的作为设计依据的可靠指标，它表示设计所预期达到的结构可靠度，一般可用 β_T 或 $[\beta]$，与目标可靠指标对应的失效概率称为允许失效概率，用 $[p_f]$ 表示。目标可靠指标代表了设计所要达到的结构可靠度，是预先给定的作为结构设计依据的可靠指标。结构或结构构件在设计使用年限内，在规定的条件下，失效概率应满足

$$p_f \leqslant [p_f] \tag{6-3}$$

也即可靠指标应满足

$$\beta \geqslant [\beta] \text{ 或 } \beta \geqslant \beta_T \tag{6-4}$$

目标可靠指标与结构的重要性、失效后果、破坏性质、经济指标等因素有关。目标可靠指标定得越高，结构失效风险越小，工程造价增大，后期维修加固费用越低；反之，目标可靠指标定得越低，结构失效风险越大，工程造价减小，后期维修加固费用越高。因此，如何选择结构的目标可靠指标或最优失效概率是关系到社会、政治、经济、生命财产等一系列方面的重要问题。

一个国家和地区的结构可靠度水准与其经济发展水平和风险可接受水平等多种因素有关，因此确定目标可靠指标需要考虑公众心理、结构重要性、结构破坏性质、社会经济承受力等影响因素，尚难以通过综合分析用概率确定一个可靠度水准。目前，国内外基本采用校准法来确定目标可靠指标。

6.1.3 标准和规范中的目标可靠指标

我国建筑工程、港口工程、水利水电工程和公路工程结构可靠度设计统一标准按照校准法确定的各结构承载能力极限状态设计的目标可靠指标，考虑了结构的破坏类型和安全等级，脆性破坏构件的可靠指标比延性破坏构件的高0.5，相邻安全等级构件的可靠指标也相差0.5，如表6-9所示。对于正常使用极限状态，《建筑结构可靠度设计统一标准》（GB 50068—2001）规定，根据可逆程度可取0~1.5，对于可逆的情况取低值，不可逆的情况取高值。

表 6-9　我国工程结构承载能力极限状态设计的目标可靠指标

工程结构	设计基准期/a	破坏类型	安全等级		
			一级	二级	三级
建筑结构	50	延性破坏	3.7	3.2	2.7
		脆性破坏	4.2	3.7	3.2
公路桥梁	100	延性破坏	4.7	4.2	3.7
		脆性破坏	5.2	4.7	4.2
一般港口结构	50		4.0	3.5	3.0
水利水电结构	50	一类破坏	3.7	3.2	2.7
		二类破坏	4.2	3.7	3.2
铁路工程			—	—	—

注:《铁路工程结构可靠度设计统一标准》(GB 50216—1994)未规定目标可靠指标。

　　为了与国外建议的安全指标值(或失效概率)相比较,现将国际上的有关规定作以简介。国际安全度联合委员会(JCSS)制定的《结构统一标准规范的国际体系》第一卷"对各类结构和各种材料的共同统一规则"提出的建议如表 6-10 所示。北欧五国关于《结构荷载与安全性设计规程的建议》中规定的数值如表 6-11 所示。

表 6-10　国际标准建议的年风险率 p_f

遭受危险 平均人数	经济后果		
	不严重	严重	极严重
少(<0.1)	10^{-3}	10^{-4}	10^{-5}
中等	10^{-4}	10^{-5}	10^{-6}
多(>10)	10^{-5}	10^{-6}	10^{-7}

表 6-11　安全指标和失效概率 p_f(年)

破坏类型	破坏后果(安全度等级)		
	不严重	严重	极严重
I	3.1(10^{-3})	3.7(10^{-4})	4.2(10^{-5})
II	3.7(10^{-4})	4.2(10^{-5})	4.7(10^{-6})
III	4.2(10^{-5})	4.7(10^{-6})	5.2(10^{-7})

6.2　直接概率设计法

6.2.1　直接概率设计法的概念

第 5 章介绍的验算点法主要应用于结构可靠度计算,即已知抗力和荷载效应的概率分布和统计参数,求解可靠指标和各基本变量在验算点处的坐标值。验算点还可以用来以目标可靠指标 β 及各基本变量的统计特征和分布类型,反求构件抗力 R 的均值,从而进行构件截面设计,采用这一过程设计结构构件即为直接概率设计法。

目前,直接概率设计法主要应用于:

(1)根据规定的可靠度,校准分项系数模式中的分项系数;

(2)在特定情况下,直接设计某些重要的工程(如核电站的安全壳、海上采油平台、大坝等);

(3)对不同设计条件下的结构可靠度进行一致性对比。

6.2.2　直接概率设计法的基本思路

1. 基本变量均服从正态分布的线性功能函数情况

R 和 S 均服从正态分布,功能函数为 $Z = R - S$,目标可靠指标 β、R 的变异系数 δ_R、S 的平均值 μ_S 及标准差 σ_S 均已知,那么由可靠指标的计算公式(1-14)可得

$$\beta = \frac{\mu_R - \mu_S}{\sqrt{\sigma_R^2 + \sigma_S^2}} \geq \beta_T \tag{6-5}$$

当给定目标可靠指标 β_T 时,将基本变量的统计参数代入式(6-5)得

$$\mu_R - \mu_S \geq \beta_T \sqrt{(\mu_R \delta_R)^2 + (\mu_S \delta_S)^2} \tag{6-6}$$

式(6-6)为关于 μ_R 的一元二次方程,求解该方程即可得抗力 R 的平均值 μ_R。由(4-13)可得

$$R_K = \frac{\mu_R}{K_R} \tag{6-7}$$

然后,根据 R_K 进行截面设计。

例 6-2　一简支钢筋混凝土梁,截面尺寸为 $b \times h = 200 \text{ mm} \times 500 \text{ mm}$,承受的永久荷载标准值产生的弯矩为 $M_{G_k} = 45 \text{ kNm}$,承受的可变荷载标准值产生的弯矩为 $M_{Q_k} = 68 \text{ kNm}$,混凝土等级为 C30,$f_{ck} = 20.1 \text{ N/mm}^2$,钢筋采用 HPB235,屈服强度 $f_{yk} = 235 \text{ N/mm2}$,$k_{S_G} = 1.06$、$\delta_{S_G} = 0.07$ 及 $k_{S_Q} = 0.698$、$\delta_{S_Q} = 0.2882$,$k_R = 1.13$、$\delta_R = 0.10$,目标可靠指标为 $\beta_T = 3.2$,确定该梁所需的受拉钢筋面积 A_s。

解　已知自重产生的弯矩和可变荷载产生的弯矩的平均值和标准差为

$\mu_{S_G} = k_{S_G} S_{G_k} = 1.06 \times 45 \text{ kN} \cdot \text{m} = 47.700 \text{ kN} \cdot \text{m}$

$\sigma_{S_G} = \delta_{S_G} \mu_{S_G} = 0.07 \times 47.7 \text{ kN} \cdot \text{m} = 3.339 \text{ kN} \cdot \text{m}$

$\mu_{S_Q} = k_{S_Q} S_{Q_k} = 0.698 \times 68 \text{ kN} \cdot \text{m} = 47.464 \text{ kN} \cdot \text{m}$

$\sigma_{S_Q} = \delta_{S_Q} \mu_{S_Q} = 0.2882 \times 47.464 \text{ kN} \cdot \text{m} = 13.679 \text{ kN} \cdot \text{m}$

假定 S_G、S_Q 和 R 均服从正态分布，则可靠指标由下式计算

$$\beta_T = \frac{\mu_R - \mu_{S_G} - \mu_{S_Q}}{\sqrt{\sigma_R^2 + \sigma_{S_G}^2 + \sigma_{S_Q}^2}} = \frac{\mu_R - \mu_{S_G} - \mu_{S_Q}}{\sqrt{(\delta_R \mu_R) + \sigma_{S_G}^2 + \sigma_{S_Q}^2}}$$

解得

$$\mu_R = \frac{\mu_{S_G} + \mu_{S_Q} + \sqrt{(\mu_{S_G} + \mu_{S_Q})^2 - (1 - \beta_T^2 \delta_R^2)\left[(\mu_{S_G} + \mu_{S_Q})^2 - \beta_T^2(\sigma_{S_G}^2 + \sigma_{S_Q}^2)\right]}}{1 - \beta_T^2 \delta_R^2}$$

$$= 164.440 \text{ kN} \cdot \text{m}$$

所以梁单位宽度的承载能力 R 标准值为

$$R_k = \frac{\mu_R}{k_R} = \frac{164.440}{1.13} \text{kN} \cdot \text{m} = 145.522 \text{ kN} \cdot \text{m}$$

根据《混凝土结构设计规范》（GB 50010—2010），梁的受弯承载力按下式计算

$$R_k = A_s f_{yk}\left(h_0 - \frac{A_s f_{yk}}{2\alpha_1 b f_{ck}}\right)$$

对于 C30 混凝土，$\alpha_1 = 1.0$。取梁有效高度 $h_0 = 485$ mm，将 $b = 200$ mm，$f_{ck} = 20.1$ N/mm^2，$f_{yk} = 235$ N/mm^2，代入上式解得 $A_s = 1393.828$ mm^2。按 $7\varphi16$ 配置钢筋，梁的钢筋面积 $A_s = 1407$ mm^2。

2. 含有非正态变量的线性功能函数情况

当基本变量中有正态分布随机变量时，按验算点法要求，需要对非正态随机变量进行当量正态化处理。假设结构极限状态方程为 $Z = R - S_G - S_Q = 0$，S_G 为永久荷载效应，服从正态分布，S_Q 为可变荷载效应，服从极值 I 型分布，R 为结构抗力，服从对数正态分布。已知：R 的变异系数 δ_R、S_G 的平均值 μ_{S_G} 及标准差 σ_{S_G}、S_Q 的平均值 μ_{S_Q} 及标准差 σ_{S_Q}、目标可靠指标 β_T，求抗力标准值 R_K 的步骤如下

（1）列出极限状态方程及基本变量概率模型、统计参数；

（2）对基本变量验算点坐标赋初值：令 $S_G^* = \mu_{S_G}$，$S_Q^* = \mu_{S_Q}$，$R^* = S_G^* + S_Q^*$；

（3）当量正态化，S_Q 服从极值 I 型分布，运用式（5-15）和式（5-16）进行当量正态化，而结构抗力 R 服从对数正态分布，运用式（5-21）进行当量正态化，然后以当量正态化后的统计参数代替原统计参数；

（4）运用式（5-12）计算方向余弦；

（5）将计算所得方向余弦代入式（5-11），计算新一轮验算点坐标；

（6）重复（2）～（5），直到验算点坐标满足精度要求（如，可设定前后两次迭代值相对误差小于 5%）；

（7）计算抗力 R 的当量正态均值 $\mu_{R'}$，由式（5-11）得：

$$\mu_{R'} = R^* - \alpha_{R'} \beta_T \sigma_{R'} \tag{6-8}$$

式中：$\alpha_{R'}$ 为抗力 R' 的方向余弦；$\sigma_{R'}$ 为抗力 R 的当量正态方差。将最后一轮迭代的验算点作为设计验算点，将 R^* 代入上式，即可得当量正态均值 $\mu_{R'}$。

由式（5-20）可得

$$\mu_R = \sqrt{1 + \delta_R^2} \exp\left(\frac{\mu_{R'}}{R^*} - 1 + \ln R^*\right) \tag{6-9}$$

将式(6-8)所得当量正态均值 $\mu_{R'}$ 代入上式得抗力 R 的平均值 μ_R。

当功能函数为非线性,且其中含有非正态随机变量,需进行非线性与非正态的双重迭代才能求出抗力 R 的均值,计算过程比较复杂。

例 6-3 结构功能函数为 $Z = R - S_G - S_Q$,假定 R 服从对数正态分布,S_G 服从正态分布,S_Q 服从极值型分布,$\mu_{S_G} = 4.567$,$\sigma_{S_G} = 0.375$,$\mu_{S_Q} = 5.437$,$\sigma_{S_Q} = 1.860$,$\delta_R = 0.17$,$\beta_T = 3.2$,计算 μ_R。

解 (1)列出极限状态方程及已知条件:

$$Z = R - S_G - S_Q$$

R 服从对数正态分布,$\delta_R = 0.17$

$$\sigma_{\ln R} = \sqrt{\ln(1 + \delta_R^2)} = \sqrt{\ln(1 + 0.17^2)} = 0.1688$$

正态随机变量 R' 的标准差为

$$\sigma_R' = R^* \sigma_{\ln R} = 0.1688 R^*$$

S_G 服从正态分布,$\mu_{S_G} = 4.567$,$\sigma_{S_G} = 0.375$;

S_Q 服从极值型分布,$\mu_{S_Q} = 5.437$,$\sigma_{S_Q} = 1.860$

由式(2-19)可得其概率分布函数的参数为

$$\alpha = \frac{1.2826}{\sigma_{S_Q}} = \frac{1.2826}{1.86} = 0.6896$$

$$\beta = \mu_{S_Q} - 0.5772\alpha = 5.039$$

令 $t = \exp[-\alpha(S_Q^* - \beta)] = \exp[-0.6896(S_Q^* - 5.039)]$

S_Q 在验算点处的概率密度函数和概率分布函数值为

$$f_{S_Q}(S_Q^*) = \alpha\exp\{[-\alpha(S_Q^* - \beta)] - t\} = 0.6896\exp\{[-0.6896(S_Q^* - 5.039)] - t\}$$

$$F_{S_Q}(S_Q^*) = \exp(-t)$$

由式(5-15)和式(5-16),S_Q 的正态随机变量 S_Q' 的平均值和标准差为

$$\mu_{S_Q'} = S_Q^* - \Phi^{-1}[F_{S_Q}(S_Q^*)]\sigma_{S_Q'}$$

$$\sigma_{S_Q'} = \frac{\varphi\{\Phi^{-1}[F_{S_Q}(S_Q^*)]\}}{f_{S_Q}(S_Q^*)}$$

(2)赋初值:

$$S_G^* = \mu_{S_G} = 4.576, \quad S_Q^* = \mu_{S_Q} = 5.437, \quad R^* = S_G^* + S_Q^* = 10.013$$

(3)当量正态化:

$$\sigma_R' = 0.1688 R^* = 1.6902$$

$$t = \exp[-0.6896(S_Q^* - 5.039)] = 0.7560$$

则

$$f_{S_Q}(S_Q^*) = 0.6896\exp\{[-0.6896(S_Q^* - 5.039)] - t\} = 0.2451$$

$$F_{S_Q}(S_Q^*) = \exp(-t) = 0.4677$$

S_Q 的正态随机变量 S_Q' 的平均值和标准差为

$$\sigma_{S_Q'} = \frac{\varphi\{\Phi^{-1}[F_{S_Q}(S_Q^*)]\}}{f_{S_Q}(S_Q^*)} = 1.6229$$

$$\mu_{S_Q'} = S_Q^* - \Phi^{-1}\left[F_{S_Q}(S_Q^*)\right]\sigma_{S_Q'} = 5.5668$$

（4）计算方向余弦：

$\dfrac{\partial Z}{\partial R} = 1$，$\dfrac{\partial Z}{\partial S_G} = \dfrac{\partial Z}{\partial S_Q} = -1$，根据方向余弦计算公式（5-12）可得

$$\alpha_{R'} = \frac{-\sigma_{R'}}{\sqrt{\sigma_{S_G}^2 + \sigma_{S_Q'}^2 + \sigma_{R'}^2}} = -0.7122$$

$$\alpha_{S_G} = \frac{\sigma_{S_G}}{\sqrt{\sigma_{S_G}^2 + \sigma_{S_Q'}^2 + \sigma_{R'}^2}} = 0.1580$$

$$\alpha_{S_Q'} = \frac{\sigma_{S_Q'}}{\sqrt{\sigma_{S_G}^2 + \sigma_{S_Q'}^2 + \sigma_{R'}^2}} = 0.6839$$

（5）计算新的验算点：

$$S_Q^* = \mu_{S_Q'} + \alpha_{S_Q'}\beta_T\sigma_{S_Q'} = 9.1187$$
$$S_G^* = \mu_{S_G} + \alpha_{S_G}\beta_T\sigma_{S_G} = 4.7171$$
$$R^* = S_G^* + S_Q^* = 13.8358$$

（6）重复（3）~（5）步，直到前后两次迭代所得验算点坐标相对误差满足精度要求。表 6-13 给出迭代计算的过程。

表 6-13　例 6-3 的迭代计算过程

迭代次数	R^*	S_G^*	S_Q^*	$\alpha_{R'}$	$\alpha_{S_Q'}$	α_{S_G}
1	4.576	5.437	10.013	-0.7122	0.6839	0.1580
2	4.7171	9.1187	13.8358	-0.6120	0.7848	0.0983
3	4.8048	11.9437	16.7485	-0.5784	0.8122	0.0767
4	4.8733	12.7928	17.6661	-0.5725	0.8167	0.0720
5	4.9376	12.8887	17.8263	-0.5747	0.8152	0.0716
6	5.0015	12.8619	17.8635	-0.5696	0.8189	0.0708
7	5.0648	12.9420	18.0067	-0.5736	0.8161	0.0708

（7）计算抗力 R 的正态均值 $\mu_{R'}$，由式（6-8）得：

$$\mu_{R'} = R^* - \alpha_{R'}\beta_T\sigma_{R'} = 23.5947$$

由式（6-9）可得

$$\mu_R = \sqrt{1 + \delta_R^2}\exp\left(\frac{\mu_{R'}}{R^*} - 1 + \ln R^*\right) = 24.9074$$

6.3　实用设计表达式

对于十分重要的结构，如原子能反应堆压力容器、海上采油平台等，已开始采用近似概率极限状态法直接进行设计或可靠度校核。对于工程结构中的一般结构构件，根据规定的目

标可靠指标 β_T 或允许失效概率直接进行截面设计，由于计算工作量太大，是不实用的。另外，长期以来，设计人员已习惯于采用基本变量的标准值（如荷载标准值、材料标准强度等）和分项系数（如荷载系数、材科强度系数等）进行结构设计，并已积累了大量的工程实践经验。考虑到这些情况，因此设计表达式在形式上仍采用分项系数表达的形式，设计时无需进行直接概率设计法的运算，但设计出的结构所具有的可靠指标应满足式（6－4）要求。

　　考虑到设计规范的衔接和实用简便，可以在设计验算点 P^* 处，将极限状态方程转化为设计人员所习惯的以基本变量标准值和分项系数形式表达的极限状态实用设计表达式。其中各分项系数的取值按近似概率法极限状态设计法确定。

　　对于仅有永久荷载效应 S_G 和一种可变荷载效应 S_Q 的情况，在验算点 P^* 处，极限状态方程可写成

$$S_\mathrm{G}^* + S_\mathrm{Q}^* = R^* \tag{6－10}$$

　　如取

$$S_\mathrm{G}^* = \gamma_\mathrm{G} S_{G_\mathrm{K}}, \ S_\mathrm{Q}^* = \gamma_\mathrm{Q} S_{Q_\mathrm{K}}, \ R^* = R_\mathrm{K}/\gamma_\mathrm{R}$$

　　则上式可写成

$$\gamma_\mathrm{G} S_{G_\mathrm{K}} + \gamma_\mathrm{Q} S_{Q_\mathrm{K}} = R_\mathrm{K}/\gamma_\mathrm{R} \tag{6－11}$$

或

$$\gamma_\mathrm{R}(\gamma_\mathrm{G} S_{G_\mathrm{K}} + \gamma_\mathrm{Q} S_{Q_\mathrm{K}}) = R_\mathrm{K} \tag{6－12}$$

式中，γ_G、γ_Q、γ_R 分别为永久荷载、可变荷载和结构抗力分项系数；S_{G_K}、S_{Q_K}、R_K 分别为按规范规定的标准值计算的永久荷载效应、可变荷载效应和结构抗力。

　　为使式（6－10）与式（6－11）等价，必须满足

$$\left.\begin{array}{l} \gamma_\mathrm{G} = S_\mathrm{G}^*/S_{G_\mathrm{K}} \\[4pt] \gamma_\mathrm{Q} = S_\mathrm{Q}^*/S_{Q_\mathrm{K}} \\[4pt] \gamma_\mathrm{R} = R_\mathrm{K}/R^* \end{array}\right\} \tag{6－13}$$

　　这就是说，如果按式（6－13）确定各分项系数的值，则按式（6－11）或式（6－12）设计结构构件与采用近似概率法设计，效果是一致的。

　　在确定设计表达式时，曾对单一系数表达式和多系数表达式两种方案进行了比较。分析表明，如果采用单一系数表达式，对于同一种结构构件，当荷载效应比值即可变荷载效应与永久荷载效应的比值变化时；可靠指标变化较大，亦即可靠度一致性较差。这是因为可变荷载的变异性比永久荷载大，因此当可变荷载占主要地位时，由同一设计表达式设计的结构，其可靠度将降低。如果采用多系数表达式，结构可获得较好的可靠度一致性。此外，多系数表达式还具有较大的适应性，例如，当永久荷载与可变荷载效应符号相反时，可通过调整分项系数而达到较佳的可靠度一致性。因此采用多系数实用设计表达式比较合理。

6.3.1　分项系数设计法

　　近似概率极限状态设计法设计表达式中包含的各种分项系数，宜根据有关基本变量的概率分布类型和统计参数及规定的可靠指标，通过计算分析，并结合工程经验，经优化确定。《工程结构可靠性设计统一标准》（GB 50153—2008）对基本变量设计值的确定原则作出了规定。

1. 一般规定

作用的设计值 F_d 可按下式确定：

$$F_d = \gamma_F F_r \qquad\qquad (6-14)$$

式中：F_d 为作用的代表值；γ_F 为作用的分项系数。

材料性能的设计值 f_d 可按下式确定：

$$f_d = \frac{f_k}{\gamma_M} \qquad\qquad (6-15)$$

式中：f_k 为材料性能的标准值；

γ_M 为材料性能的分项系数。

几何参数的的设计值 a_d 可采用几何参数的标准值 a_k。当几何参数的变异性对结构性能有明显影响时，几何参数的设计值可按下式确定：

$$a_d = a_k \pm \Delta_a \qquad\qquad (6-16)$$

式中：Δ_a 为几何参数的附加量。

结构抗力的设计值 R_d 可按下式确定：

$$R_d = R(f_k/\gamma_M, a_d) \qquad\qquad (6-17)$$

2. 承载能力极限状态

结构或结构构件按承载能力极限状态设计时，应符合下列要求：

（1）结构或结构构件的破坏或过度变形的承载能力极限状态设计，应符合下式要求

$$\gamma_0 S_d \leqslant R_d \qquad\qquad (6-18)$$

式中：γ_0 为结构重要性系数；

S_d 为作用组合的效应（如轴力、弯矩或表示几个轴力、弯矩的向量）设计值；

R_d 为结构或结构构件的抗力设计值。

（2）整个结构或其一部分作为刚体失去静力平衡的承载能力极限状态设计，应符合下式要求

$$\gamma_0 S_{d, dst} \leqslant S_{d, stb} \qquad\qquad (6-19)$$

式中：$S_{d, dst}$ 为不平衡作用效应的设计值；

$S_{d, stb}$ 为平衡作用效应的设计值。

（3）地基的破坏或过度变形的承载能力极限状态设计，可采用分项系数法进行，但分项系数的取值与式（6-18）所包含的分项系数的取值可有区别。

（4）对持久状况和短暂状况，应采用作用的基本组合。基本组合的效应设计值可按下式确定

$$S_d = S\left(\sum_{i \geqslant 1} \gamma_{G_i} G_{ik} + \gamma_P P + \gamma_{Q_1} \gamma_{L_1} Q_{1k} + \sum_{j>1} \gamma_{Q_j} \psi_{c_j} \gamma_{L_j} Q_{jk} \right) \qquad (6-20)$$

式中：$S(\cdot)$ 为作用组合的效应函数；

G_{ik} 为第 i 个永久作用的标准值；

P 为预应力的有关代表值；

Q_{1k} 为第 1 个可变作用（主导可变作用）的标准值；

Q_{jk} 为第 j 个可变作用的标准值；

γ_{G_i} 为第 i 个永久作用的分项系数；

γ_P 为预应力作用的分项系数；

γ_{Q_1} 为第 1 个可变作用（主导可变作用）的分项系数；

γ_{Q_j} 为第 j 个可变作用的分项系数；

ψ_{c_j} 为第 j 个可变作用的组合值系数；

γ_{L_1}，γ_{L_j} 为第 1 个和第 j 个考虑结构设计使用年限的荷载调整系数，对设计使用年限与设计基准期相同的结构，应取 $\gamma_{L_1} = \gamma_{L_j} = 1.0$。

当作用与作用效应按线性关系考虑时，基本组合的效应设计值可按式计算

$$S_d = \sum_{i \geqslant 1} \gamma_{G_i} S_{G_{ik}} + \gamma_P S_P + \gamma_{Q_1} \gamma_{L_1} S_{Q_{1k}} + \sum_{j>1} \gamma_{Q_j} \psi_{c_j} \gamma_{L_j} S_{Q_{jk}} \tag{6-21}$$

式中：$S_{G_{ik}}$ 为第 i 个永久作用标准值的效应；

S_P 为预应力作用有关代表值的效应；

$S_{Q_{1k}}$ 为第 1 个可变作用（主导可变作用）标准值的效应；

$S_{Q_{jk}}$ 为第 j 个可变作用标准值的效应。

（5）对偶然设计状况，应采用作用的偶然组合。偶然组合的效应设计值可按下式确定：

$$S_d = S\left(\sum_{i \geqslant 1} G_{ik} + P + A_d + \psi_{q_1}(\psi_{f_1}) Q_{1k} + \sum_{j>1} \psi_{q_j} Q_{jk} \right) \tag{6-22}$$

式中：A_d 为偶然作用的设计值；

ψ_{f_1} 为第 1 个可变作用的频遇值系数；

ψ_{q_1} 为第 1 个可变作用的准永久值系数；

ψ_{q_j} 为第 j 个可变作用的准永久值系数。

当作用与作用效应按线性关系考虑时，偶然组合的效应设计值可按下式计算

$$S_d = \sum_{i \geqslant 1} S_{G_{ik}} + S_P + S_{A_d} + \psi_{q_1}(\psi_{f_1}) S_{Q_{1k}} + \sum_{j>1} \psi_{q_j} S_{Q_{jk}} \tag{6-23}$$

式中：S_{A_d} 为偶然作用设计值的效应。

3. 正常使用极限状态

结构或结构构件按正常使用极限状态设计时，应符合下式要求

$$S_d \leqslant C \tag{6-24}$$

式中：S_d 为作用组合的效应（如变形、裂缝等）设计值；

C 为设计对变形、裂缝等规定的相应限值。

按正常使用极限状态设计时，可根据不同情况采用作用的标准组合、频遇组合或准永久组合。

1）标准组合

标准组合的效应设计值可按下式确定

$$S_d = S\left(\sum_{i \geqslant 1} G_{ik} + P + Q_{1k} + \sum_{j>1} \psi_{c_j} Q_{jk} \right) \tag{6-25}$$

当作用与作用效应按线性关系考虑时，标准组合的效应设计值可按下式计算

$$S_d = \sum_{i \geqslant 1} S_{G_{ik}} + S_P + S_{Q_{1k}} + \sum_{j>1} \psi_{c_j} S_{Q_{jk}} \tag{6-26}$$

2）频遇组合

频遇组合的效应设计值可按下式确定

$$S_d = S(\sum_{i \geqslant 1} G_{ik} + P + \psi_{f_1} Q_{1k} + \sum_{j > 1} \psi_{q_j} Q_{jk}) \qquad (6-27)$$

当作用与作用效应按线性关系考虑时，频遇组合的效应设计值可按下式计算

$$S_d = \sum_{i \geqslant 1} S_{G_{ik}} + S_P + \psi_{f_1} S_{Q_{1k}} + \sum_{j > 1} \psi_{q_j} S_{Q_{jk}} \qquad (6-28)$$

3）准永久组合

准永久组合的效应设计值可按下式确定

$$S_d = S(\sum_{i \geqslant 1} G_{ik} + P + \sum_{j \geqslant 1} \psi_{q_j} Q_{jk}) \qquad (6-29)$$

当作用与作用效应按线性关系考虑时，准永久组合的效应设计值可按下式计算

$$S_d = \sum_{i \geqslant 1} S_{G_{ik}} + S_P + \sum_{j \geqslant 1} \psi_{q_j} S_{Q_{jk}} \qquad (6-30)$$

对于正常使用极限状态，除各种材料的结构设计规范有专门规定外，材料性能的分项系数应取 $\gamma_M = 1.0$。

以上是《工程结构可靠性设计统一标准》（GB 50153—2008）对近似概率极限状态设计法采用的多系数实用设计表达式所作的一般规定。实际工程中，由于结构自身特点不同，行业规范会作出相应的专门规定。

6.3.2　房屋建筑结构的专门规定

1. 承载能力极限状态

对于承载能力极限状态荷载效应的基本组合或偶然组合进行荷载（效应）组合，《建筑结构可靠度设计统一标准》（GB 50068—2001）和《建筑结构荷载规范》（GB 50009—2012）规定按下列设计表达式进行设计

$$\gamma_0 S \leqslant R \qquad (6-31)$$

式中：γ_0 为结构重要性系数；

　　　S 为荷载效应组合的设计值；

　　　R 为结构构件抗力的设计值，按各有关建筑结构设计规范的规定确定。

对于由可变荷载效应控制的组合，设计值 S 按下式确定：

$$S = \gamma_G S_{G_k} + \gamma_{Q1} S_{Q1k} + \sum_{i=2}^{n} \gamma_{Qi} \psi_{c_i} S_{Qik} \qquad (6-32)$$

式中：γ_G 为永久荷载的分项系数，按表 6-12 采用；

　　　γ_{Qi} 为第 i 个可变荷载的分项系数，其中 γ_{Q1} 为可变荷载 Q_1 的分项系数；

　　　S_{G_k} 为按永久荷载标准值 G_k 计算的荷载效应值；

　　　S_{Qik} 为按可变荷载标准值 Q_{ik} 计算的荷载效应值，其中 S_{Q1k} 为诸可变荷载效应中起控制作用者；

　　　ψ_{c_i} 为可变荷载 Q_i 的组合值系数；

　　　n 为参与组合的可变荷载数。

对于由永久荷载效应控制的组合：

$$S = \gamma_G S_{G_k} + \sum_{i=1}^{n} \gamma_{Qi} \psi_{c_i} S_{Qik} \qquad (6-33)$$

基本组合的荷载分项系数，按表 6-12 的规定采用。

表 6 – 12 基本组合的荷载分项系数

γ_G	当其效应对结构不利时	由可变荷载效应控制的组合	1.2
		由永久荷载效应控制的组合	1.35
	当其效应对结构有利时	一般情况	1.0
		结构的倾覆、滑移或漂浮验算	0.9
γ_Q	一般情况		1.4
	标准大于 4 kN/m² 的工业房屋楼面结构的活荷载		1.3

对于偶然组合,荷载效应组合的设计值按下列规定确定:偶然荷载的代表值不乘分项系数;与偶然荷载同时出现的其他荷载可根据观测资料和工程经验采取适当的代表值。

2. 正常使用极限状态

正常使用极限状态的验算采用荷载标准的标准组合、频域组合或准永久组合,按下列设计表达式进行设计

$$S \leqslant C \tag{6 – 34}$$

式中,C 为结构构件达到正常使用要求的规定限值,例如变形、裂缝、振幅、加速度、应力等的限值。

对于标准组合,荷载效应组合的设计值 S 按下式采用

$$S = S_{G_k} + S_{Q_{1k}} + \sum_{i=2}^{n} \psi_{c_i} S_{Q_{ik}} \tag{6 – 35}$$

对于频域值组合,荷载效应组合的设计值 S 按下式采用

$$S = S_{G_k} + \psi_{f_1} S_{Q_{1k}} + \sum_{i=2}^{n} \psi_{q_i} S_{Q_{ik}} \tag{6 – 36}$$

式中:ψ_{f_1} 为可变荷载 Q_1 的频域值系数;

ψ_{q_i} 为可变荷载 Q_i 的准永久值系数。

对于准永久组合,荷载效应组合的设计值 S 按下式采用

$$S = S_{G_k} + \sum_{i=1}^{n} \psi_{q_i} S_{Q_{ik}} \tag{6 – 37}$$

6.3.3 公路工程结构的专门规定

1. 承载能力极限状态

《公路工程结构可靠度设计统一标准》(GB/T 50283—1999)规定承载能力极限状态设计表达式按下列规定采用:

1)作用效应基本组合

$$\gamma_0 \gamma_s \left(\sum_{i=1}^{m} \gamma_{G_i} S_{G_{ik}} + \gamma_{Q_1} S_{Q_{1k}} + \psi_c \sum_{j=2}^{n} \gamma_{Q_j} S_{Q_{jk}} \right) \leqslant \frac{1}{\gamma_R} R(\gamma_f, f_k, a_k) \tag{6 – 38}$$

或

$$\gamma_0 \gamma_s \left(\sum_{i=1}^{m} S_{G_{id}} + S_{Q_{1d}} + \psi_c \sum_{j=2}^{n} S_{Q_{jd}} \right) \leqslant \frac{1}{\gamma_R} R(f_d, a_d) \tag{6 – 39}$$

式中:γ_0 为结构重要性系数,对于公路桥梁,安全等级为一级、二级、三级时,分别取 1.1、

1.0、0.9；

γ_s 为作用效应计算模式不定性系数，如已在作用分项系数中体现，可取 $\gamma_s = 1.0$；

γ_R 结构构件抗力计算模式不定性系数，如已在抗力分项系数中体现，可取 $\gamma_R = 1.0$；

γ_{G_i} 为第 i 个永久作用的分项系数，对于恒荷载（结构及附加物自重），取 $\gamma_G = 1.2$；

$S_{G_{ik}}$ 和 $S_{G_{id}}$ 为第 i 个永久作用标准值和设计值的效应；

γ_{Q_1} 为汽车荷载分项系数，对于公路桥梁，根据作用效应的组合情况取 $\gamma_{Q_1} = 1.4$ 或 $\gamma_{Q_1} = 1.1$；

$S_{Q_{1k}}$ 和 $S_{Q_{1d}}$ 为含有冲击系数的汽车荷载标准值和设计值的效应；

γ_{Q_j} 为除汽车荷载外地 j 个其他可变作用的分项系数；

$S_{Q_{jk}}$ 和 $S_{Q_{jd}}$ 为除汽车荷载外第 j 个其他可变作用标准值和设计值的效应；

ψ_c 为除汽车荷载外其他可变作用效应的组合系数；

γ_f 为结构材料、岩土性能的分项系数；

f_k 和 f_d 为材料、岩土性能的标准值和设计值；

a_k 和 a_d 为结构构件几何参数的标准值和设计值；

$R(\cdot)$ 为结构构件抗力函数。

2）偶然组合

对于作用效应的偶然组合，极限状态设计表达式按以下原则确定：

（1）偶然作用取标准值效应，其分项系数取 1.0。

（2）与偶然作用同时出现的可变作用，可根据观测资料和工程经验取适当的代表值效应。

（3）设计表达式及各项系数的取值，可按公路工程有关规范的规定采用。

（4）采用分项系数表达式的结构承载能力极限状态设计，当永久作用效应的增大对结构的承载能力有利时，则其荷载分项系数 γ_G 应取不大于 1.0，对于结构及附加重物自重组成的恒载，可取 $\gamma_G = 0.9$。

2. 正常使用极限状态

公路工程结构按正常使用极限状态时，作用效应组合设计值按下列规定采用：

短期荷载效应组合

$$S_{sd} = \gamma_s \left(\sum_{i=1}^{m} S_{G_{ik}} + \sum_{i=1}^{n} \psi_{1i} S_{Q_{ik}} \right) \qquad (6-40)$$

式中，S_{sd} 为作用短期效应组合设计值；ψ_{1i} 为第 i 个可变作用的频遇值系数。

长期效应组合

$$S_{ld} = \gamma_s \left(\sum_{i=1}^{m} S_{G_{ik}} + \sum_{i=1}^{n} \psi_{2i} S_{Q_{ik}} \right) \qquad (6-41)$$

式中，S_{ld} 为作用长期效应组合设计值；ψ_{2i} 为第 i 个可变作用的准永久值系数。

6.3.4　水利水电工程结构的专门规定

1. 承载能力极限状态

《水利水电工程结构可靠度设计统一标准》（GB 50199—2013）规定，当结构按承载能力极限状态设计时，应从结构或结构构件的破坏或过度变形（结构的材料强度起控制作用）、整个结构或其中一部分作为刚体失去平衡、地基破坏或过度变形这三个方面分析。

（1）结构或结构构件（包括基础）的破坏或过度变形的承载能力极限状态设计，应按下式计算：

$$\gamma_0 \psi S_d(\cdot) \leqslant \frac{1}{\gamma_{dn}} R_d(\cdot) \qquad (6-42)$$

当结构承载力由材料的强度控制时：

$$R_d(\cdot) = R\left(\frac{f_k}{\gamma_m}, a_k\right) \qquad (6-43)$$

式中：$S_d(\cdot)$ 为作用组合的效应（如轴力、弯矩、剪力或应力等）设计值函数；$R_d(\cdot)$ 为结构抗力设计值函数；γ_0 为结构重要性系数；ψ 为设计状况系数；γ_{dn} 为相应第 n 种作用组合的结构系数；a_k 为几何参数标准值。

（2）当整个结构或其中的一部分作为刚体失去静力平衡的承载能力极限状态设计，应按下式计算：

$$\gamma_0 \psi S_{d, dst}(\cdot) \leqslant \frac{1}{\gamma_{dn}} S_{d, stb}(\cdot) \qquad (6-44)$$

式中：$S_{d, dst}(\cdot)$ 为不平衡作用组合效应设计值函数；$S_{d, stb}(\cdot)$ 为平衡作用组合效应设计值函数。

（3）当地基的破坏或过度变形的承载能力极限状态设计，可采用以概率理论为基础并且用分项系数表达的概率极限状态法进行，也可采用容许应力法等进行。采用概率极限状态法进行时，其分项系数的取值与式（6-20）中所包含的分项系数的取值有区别。

承载能力极限状态基本组合效应设计值应按下式计算：

$$S_d(\cdot) = S(\gamma_G G_k, \gamma_p P, \gamma_Q Q_k, a_k) \qquad (6-45)$$

式中：$S_d(\cdot)$ 为作用组合的效应设计值函数；G_k 为永久作用的标准值；P 为预应力作用的有关代表值；Q_k 为可变作用的标准值；γ_G 为永久作用的分项系数；γ_p 为预应力作用的分项系数；γ_Q 为可变作用的分项系数。

当作用与作用效应按线性关系考虑时，基本组合的效应设计值可按下式计算：

$$S_d(\cdot) = \sum_{i \geqslant 1} \gamma_{G_i} S(G_{ik}, a_k) + \gamma_p S(P, a_k) + \sum_{j \geqslant 1} \gamma_{Q_j} S(Q_{jk}, a_k) \qquad (6-46)$$

式中：$S(G_{ik}, a_k)$ 为第 i 个永久作用标准值的效应；$S(P, a_k)$ 为预应力作用代表值的效应；$S(Q_{jk}, a_k)$ 为第 j 个可变作用标准值的效应。

承载能力极限状态偶然组合的效应设计值应按下式计算：

$$S_d(\cdot) = S(\gamma_G G_k, \gamma_p P, A_k, \gamma_Q Q_k, a_k) \qquad (6-47)$$

式中：A_k 为偶然荷载代表值。

当作用与作用效应按线性关系考虑时，偶然组合的作用组合效应设计值可按下式计算：

$$S_d(\cdot) = \sum_{i \geqslant 1} \gamma_{G_i} S(G_{ik}, a_k) + \gamma_p S(P, a_k) + S(A_k, a_k) + \sum_{j \geqslant 1} \gamma_{Q_j} S(Q_{jk}, a_k)$$

$$(6-48)$$

式中：$S(A_k, a_k)$ 为偶然荷载作用的效应代表值。

2. 正常使用极限状态

当结构或结构构件正常使用极限状态设计，应按作用的标准组合或标准组合并考虑长期作用的影响，按下式计算：

$$\gamma_0 S(G_k,\ P,\ Q_k,\ f_k,\ a_k) \leqslant C \tag{6-49}$$

式中：C 为结构或结构构件正常使用的功能极限值。

当作用与作用效应按线性关系考虑时，标准组合的效应设计值可按下式计确定：

$$S(\cdot) = \sum_{i \geqslant 1} S(G_{ik},\ f_k,\ a_k) + S(P,\ f_k,\ a_k) + \sum_{j \geqslant 1} S(Q_{jk},\ f_k,\ a_k) \tag{6-50}$$

式中：$S(\cdot)$ 为标准组合的效应设计值函数。

6.3.5　港口工程结构设计的专门规定

1. 承载能力极限状态

《港口工程结构可靠性设计统一标准》（GB 50158—2010）规定，承载能力极限状态的一般设计式可表达为

$$\gamma_0 S_d \leqslant R_d \tag{6-51}$$

式中：γ_0 为结构重要性系数；S_d 为作用效应设计值；R_d 为抗力设计值。

承载能力极限状态设计采用荷载效应的持久组合、短暂组合、地震组合和偶然组合。

1）持久组合

（1）当作用与作用效应为线性关系或假设为线性关系时，持久组合的效应设计值可按下式确定：

$$S_d(\cdot) = \sum_{i \geqslant 1} \gamma_{G_i} S_{G_{ik}} + \gamma_P S_P + \gamma_{Q_1} S_{Q_{1k}} + \sum_{j > 1} \gamma_{Q_j} \psi_{cj} S_{Q_{jk}} \tag{6-52}$$

（2）当作用与作用效应为非线性关系时，持久组合的效应设计值可按下式确定：

$$S_d(\cdot) = \gamma_F S\Big(\sum_{i \geqslant 1} G_{ik} \text{“}+\text{”} \sum_{j \geqslant 1} Q_{jk} \Big) \tag{6-53}$$

式中：S_d 为作用组合的效应设计值；γ_{G_i} 为第 i 个永久作用的分项系数，可按标准表 6-13 取值；$S_{G_{ik}}$ 为第 i 个永久作用标准值的效应；γ_P 为预应力的分项系数；S_P 为预应力作用有关代表值的效应；γ_{Q_1}、γ_{Q_j} 分别为主导可变作用和第 j 个可变作用的分项系数，可按标准表 6-13 取值；$S_{Q_{1k}}$、$S_{Q_{jk}}$ 分别为主导可变作用和第 j 个可变作用标准值的效应；ψ_{cj} 为可变作用的组合系数，可取 0.7；对经常以界值出现的有界作用可取 1.0；γ_F 为作用综合分项系数；G_{ik} 为第 i 个永久作用的标准值；Q_{jk} 为第 j 个可变作用的标准值；$S(\cdot)$ 为标准组合的效应函数；"+"为组合。

表 6-13　永久作用与可变作用分项系数

荷载名称	分项系数	荷载名称	分项系数
永久作用 （不包括土压力、静水压力）	1.2	铁路荷载	1.4
五金钢铁荷载	1.5	汽车荷载	1.4
散货荷载	1.5	缆车荷载	1.4
起重机械荷载	1.5	船舶系缆力	1.4
船舶撞击力	1.5	船舶挤靠力	1.4
水流力	1.5	运输机械荷载	1.4

续表 6-13

荷载名称	分项系数	荷载名称	分项系数
冰荷载	1.5	风荷载	1.4
波浪力(构件计算)	1.5	人群荷载	1.4
一般件杂货、集装箱荷载	1.4	土压力	1.35
液体管道(含推力)荷载	1.4	剩余水压力	1.05

注：①当永久作用效应对结构承载能力起有利作业时，永久作用分项系数 γ_G 取值不应大于 1.0；

②同一来源的作用，当总的作用效应对结构承载能力不利时，分作用均应乘以不利作用的分项系数；

③永久作用为主时，其分项系数不应小于 1.3；

④当两个可变作用完全相关，其中一个为主导可变作用时，与其相关的可变作用的分项系数应取主导可变作用的分项系数；

⑤海港结构在极端高水位和极端低水位情况下，承载能力极限状态持久组合的可变作用分项系数应减小 0.1；

⑥除构件计算外的波浪力分项系数应按国家现行有关标准选取。

2)短暂组合

(1)当作用与作用效应为线性关系或假设为线性关系时，短暂组合的效应设计值可按下式确定：

$$S_d = \sum_{i \geqslant 1} \gamma_{G_i} S_{G_{ik}} + \gamma_P S_P + \sum_{j \geqslant 1} \gamma_{Q_j} S_{Q_{jk}} \tag{6-54}$$

(2)当作用与作用效应为非线性关系时，短暂组合的效应设计值可按下式确定：

$$S_d = \gamma_F S \left(\sum_{i \geqslant 1} G_{ik} \text{"} + \text{"} \sum_{j \geqslant 1} Q_{jk} \right) \tag{6-55}$$

式中：S_d 为作用组合的效应设计值；γ_{G_i} 为第 i 个永久作用的分项系数；$S_{G_{ik}}$ 为第 i 个永久作用标准值的效应；γ_p 为预应力的分项系数；S_P 为预应力作用有关代表值的效应；γ_{Q_j} 为第 j 个可变作用的分项系数，可按标准表 6-13 中所列数值减小 0.1 采用；$S_{Q_{jk}}$ 为第 j 个可变作用标准值的效应；γ_F 为作用综合分项系数；G_{ik} 为第 i 个永久作用的标准值；Q_{jk} 为第 j 个可变作用的标准值；$S(\cdot)$ 为标准组合的效应函数；"+"为组合。

3)地震组合

对于地震组合，《港口工程结构可靠性设计统一标准》(GB 50158—2010)也只给了组合的原则，没有给出具体设计表达式。

(1)地震作用的代表值分项系数为 1.0。

(2)具体的设计表达式及各种系数应符合国家现行有关标准的规定。

4)偶然组合

偶然组合可按下列原则确定：

(1)偶然作用的代表值分项系数为 1.0。

(2)与偶然作用同时出现的可变作用取标准值。

2. 正常使用极限状态

正常使用极限状态的设计表达式为

$$S_d \leqslant C \tag{6-56}$$

式中，S_d 为作用效应设计值，如变形、裂缝宽度和沉降量等；C 为结构规定限值，如规定的最大容许变形、裂缝宽度和沉降量等。

根据不同的设计要求，持久状况的正常使用极限状态设计应符合下列规定：

（1）当作用与作用效应为线性关系或假设为线性关系时，可分别采用作用的标准组合、频遇组合和准永久组合进行设计。

① 标准组合的效应设计值可按下式计算：

$$S_{\mathrm{d}} = \sum_{i \geqslant 1} S_{\mathrm{G}_{ik}} + S_{\mathrm{P}} + S_{\mathrm{Q}_{1k}} + \sum_{j > 1} \psi_{\mathrm{c}j} S_{\mathrm{Q}_{jk}} \tag{6 - 57}$$

② 频遇组合的效应设计值可按下式计算：

$$S_{\mathrm{d}} = \sum_{i \geqslant 1} S_{\mathrm{G}_{ik}} + S_{\mathrm{P}} + \psi_{\mathrm{f}} S_{\mathrm{Q}_{1k}} + \sum_{j > 1} \psi_{\mathrm{q}j} S_{\mathrm{Q}_{jk}} \tag{6 - 58}$$

③ 准永久组合的效应设计值可按下式计算：

$$S_{\mathrm{d}} = \sum_{i \geqslant 1} S_{\mathrm{G}_{ik}} + S_{\mathrm{P}} + \sum_{j \geqslant 1} \psi_{\mathrm{q}j} S_{\mathrm{Q}_{jk}} \tag{6 - 59}$$

（2）当作用与作用效应为非线性关系时，持久状况的正常使用极限状态作用组合的效应设计值可按下式确定：

$$S_{\mathrm{d}} = S\left(\sum_{i \geqslant 1} G_{ik} \text{``} + \text{''} \sum_{j \geqslant 1} Q_{jk} \right) \tag{6 - 60}$$

式中：S_{d} 为作用组合的效应设计值；$S_{\mathrm{G}_{ik}}$ 为第 i 个永久作用标准值的效应；S_{P} 为预应力作用有关代表值的效应；$S_{\mathrm{Q}_{1k}}$、$S_{\mathrm{Q}_{jk}}$ 分别为主导可变作用和第 j 个可变作用标准值的效应；G_{ik} 为第 i 个永久作用的标准值；Q_{jk} 为第 j 个可变作用的标准值；$S(\cdot)$ 为作用组合的效应函数；" + "为组合；$\psi_{\mathrm{c}j}$、ψ_{f}、$\psi_{\mathrm{q}j}$ 分别为可变作用的组合系数、频遇值系数和准永久值系数，可分别取 0.7、0.7、0.6；对经常以界值出现的有界作用，组合系数和准永久值系数可取 1.0。

短暂状况的正常使用极限状态设计应符合下列规定：

（1）当作用与作用效应为线性关系或假设为线性关系时，短暂状况的正常使用极限状态作用组合的效应设计值可按下式计算：

$$S_{\mathrm{d}} = \sum_{i \geqslant 1} S_{\mathrm{G}_{ik}} + S_{\mathrm{P}} + \sum_{j \geqslant 1} S_{\mathrm{Q}_{jk}} \tag{6 - 61}$$

（2）当作用与作用效应为非线性关系时，短暂状况的正常使用极限状态作用组合的效应设计值可按下式确定：

$$S_{\mathrm{d}} = S\left(\sum_{i \geqslant 1} G_{ik} \text{``} + \text{''} \sum_{j \geqslant 1} Q_{jk} \right) \tag{6 - 62}$$

式中：S_{d} 为作用组合的效应设计值；$S_{\mathrm{G}_{ik}}$ 为第 i 个永久作用标准值的效应；S_{P} 为预应力作用有关代表值的效应；$S_{\mathrm{Q}_{jk}}$ 第 j 个可变作用标准值的效应；G_{ik} 为第 i 个永久作用的标准值；Q_{jk} 为第 j 个可变作用的标准值；$S(\cdot)$ 为作用组合的效应函数；" + "为组合。

6.3.6　铁路工程结构设计的专门规定

1. 承载能力极限状态

《铁路工程结构可靠度设计统一标准》（GB 50216—1994）规定承载能力极限状态的设计表达式为

$$\gamma_0 S(F_{\mathrm{d}}, a_{\mathrm{d}}, \gamma_{S_{\mathrm{d}}}) \leqslant R(f_{\mathrm{d}}, a_{\mathrm{d}}, C, \gamma_{R_{\mathrm{d}}}) \tag{6 - 63}$$

式中，$\gamma_{S_{\mathrm{d}}}$ 为作用效应计算模型分项系数；$\gamma_{R_{\mathrm{d}}}$ 为抗力计算模型分项系数。

作用效应设计值可采用下列实用设计式：

1）以组合系数表达的作用效应设计式

$$S_d = \gamma_0 \gamma_{S_d} S(\gamma_{G_i} G_{ik}, \gamma_{Q_1} Q_{1k}, \psi \gamma_{Q_j} Q_{jk}, a_k \pm \Delta a) (i = 1, 2, \cdots, m; j = 2, 3, \cdots, n)$$

$$(6-64)$$

$$S_d = \gamma_0 \gamma_{S_d} \Big(\sum_{i=1}^{m} C_{G_i} \gamma_{G_i} G_{ik} + C_{Q_1} \gamma_{Q_1} Q_{1k} + \psi_c \sum_{j=2}^{n} C_{Q_j} \gamma_{Q_j} Q_{jk} \Big)$$

$$(i = 1, 2, \cdots, m; j = 2, 3, \cdots, n) \qquad (6-65)$$

式中，G_k 为永久作用的标准值；Q_k 为可变作用的标准值；γ_G 为永久作用的分项系数；γ_Q 为可变作用的分项系数；ψ_c 为可变作用的组合系数；C_G 为永久作用的效应系数；C_Q 为可变作用的效应系数。

2）以组合分项系数表达式的作用效应设计式

$$S_d = \gamma_0 \gamma_{S_d} S(\gamma_{G_i} G_{ik}, \gamma'_{Q_j} Q_{jk}) (i = 1, 2, \cdots, m; j = 2, 3, \cdots, n) \qquad (6-66)$$

当作用效应可线性叠加时，可采用下列实用设计式

$$S_d = \gamma_0 \gamma_{S_d} \Big(\sum_{i=1}^{m} C_{G_i} \gamma_{G_i} G_{ik} + \sum_{j=1}^{n} C_{Q_j} \gamma'_{Q_j} Q_{jk} \Big) (i = 1, 2, \cdots, m; j = 1, 2, \cdots, n) \qquad (6-67)$$

式中，γ'_{Q_j} 为可变作用的组合分项系数。

抗力设计值可采用下列实用设计式：

1）以材料性能分项系数表达的抗力设计式

$$R_d = \frac{1}{\gamma_{R_d} \gamma_{\beta_d}} R \Big(\frac{f_k}{\gamma_f}, a_k \pm \Delta a \Big) \qquad (6-68)$$

式中，γ_f 为材料性能分项系数；γ_{β_d} 为结构可靠度调整系数。

2）以抗力综合分项系数表达的抗力设计式

$$R_d = \frac{1}{\gamma_R} R(f_k, a_k) \qquad (6-69)$$

式中，γ_R 为抗力综合系数。

偶然状况下的结构承载能力极限状态也可采用上面的设计表达，其中偶然作用的代表值不乘分项系数，其他可能与偶然作用同时出现的可变作用，可根据观测资料或工程经验，采用适当的设计值，其分项系数的具体值由有关标准确定。

2. 正常使用极限状态

当作用效应可线性叠加时，结构正常使用极限状态设计可采用下式

$$\gamma_{S_d} S \Big(\Big(\sum_{i=1}^{m} C_{G_i} G_{ik} + \sum_{j=1}^{n} C_{Q_j} Q_{jr} \Big), f_k, a_k \Big) \leqslant \frac{C}{\gamma_R}$$

$$(i = 1, 2, \cdots, m; j = 1, 2, \cdots, n) \qquad (6-70)$$

式中，Q_{jr} 为可变作用 Q_j 的代表值，对频遇组合取频遇值，对准永久组合取准永久值。

───────────── 重点与难点 ─────────────

1．教学重点是目标可靠指标的概念，校准法和实用设计表达式。

2．教学难点是直接概率设计法。

思考与练习

1. 怎样确定结构构件的目标可靠指标?

2. 直接概率设计法的基本思路是什么?

3. 何谓校准法? 对现行规范进行可靠度校准有何意义?

4. 对于安全级别不同的结构, 实用设计表达式如何体现其可靠度水平的不同?

5. 承受永久荷载和楼面活荷载的钢筋混凝土轴心受压短柱, 已知永久荷载产生的轴向力 S_G 为正态分布, 活载产生的轴向力 S_L 为极值 I 型分布, 抗力 R 为对数正态分布, 统计参数分别为 $\mu_{S_G}=721$ kN, $\delta_{S_G}=0.07$, $\mu_{S_L}=767$ kN, $\delta_{S_L}=0.32$, $\delta_R=0.17$, 极限状态方程为 $Z=R-S_G-S_L=0$, 目标可靠指标 $\beta=4.2$, $K_R=1.33$, 采用 C30 混凝土, HRB400 钢筋, 配筋率 $\rho'=1.2\%$, 试设计该柱。

附录 A

结构可靠性数学基础

A.1 随机变量的概念

A.1.1 随机事件及其运算

在自然界中，有些现象人们可以预先做出推断。例如：质量为 m 的质点，受力 F 作用时，其加速度必为 $a = F/m$，且沿 F 方向。这种在一定条件下必然会发生的现象称必然事件。反之，如果在一定条件下必然不发生的现象，则称为不可能事件。

在自然界中，也存在大量的另一类现象，它们在一定条件下可能发生，也可能不发生，这种现象称为随机事件，简称为事件。例如

事件 A：某地今后 10 年内要遭受烈度为 8 度的地震；

事件 B：某地今后 10 年内要遭受烈度不超过 8 度的地震。

从上面所举的两个事例可以看出，每一事件都有某种程度发生的可能性，但事件 A 发生的可能性要比事件 B 的可能性要小一些，为了从数量上比较事件发生可能性的程度，必须对每一个事件给予一个发生可能性程度的数值度量，即事件的概率。也就是说，事件的概率是该事件发生可能性的数值测度。

有些事件的概率是可以直接计算的，如古典概型，即具有下列两个性质的试验：

（1）试验的可能结果只有有限多个。在概率论中，所谓试验是指一定条件下的实践。试验中每一个可能的结果，称为该试验的一个基本事件。

（2）所有基本事件都是等可能的。

对于古典型试验，若试验结果由 n 个基本事件组成，设事件 A 由 m 个基本事件组成，则定义事件 A 的概率 $P(A)$ 为

$$P(A) = m/n \tag{A-1}$$

不难看出，$P(A)$ 介于 0 与 1 之间，即

$$0 < P(A) < 1$$

若 $P(A) = 1$，则 A 为必然事件；若 $P(A) = 0$；则 A 为不可能事件。

但工程中很多问题不能归结为古典概型，因而不能应用式（A-1）计算其概率。对于这类事件，通常要通过大量重复试验来确定。若在 n 次试验中，某事件 A 出现 m 次，则称

$$P^*(A) = m/n \tag{A-2}$$

为事件 A 在 n 次试验中出现的频率；m 为 A 在这 n 次试验中发生的频数。

实践与理论已证明,当增加试验次数后,频率将通过随机波动而趋近于概率。

A.1.2 独立性与条件概率

在计算事件的概率或频率,常要利用概率加法定理与乘法定理。

所谓两事件 A 与 B 之和,是指 A、B 中至少有一个事件发生;所谓 A 与 B 互不相容,是指 A 与 B 不能同时出现。多个事件之和及互不相容的概念是类似的。

概率的加法定理:n 个互不相容事件之和的概率,等于各事件的概率之和,即

$$P\left(\sum_{i=1}^{n} A_i\right) = \sum_{i=1}^{n} P(A_i) \tag{A-3}$$

在实际问题中,一般除了要知道事件 A 发生的概率外,有时还需要知道在"事件 B 已经发生"的条件下,事件 A 发生的概率 $P(A|B)$。由于增加了新的条件"事件 B 已经发生",所以一般情况下 $P(A)$ 与 $P(A|B)$ 是不同的。$P(A|B)$ 称为事件 A 的条件概率。若 A 与 B 中任一事件的概率与另一事件是否发生无关,则称 A、B 是相互独立的事件。在这种情况下:

$$P(B|A) = P(B);\ P(A|B) = P(A)$$

所谓两事件 A 与 B 之积,是指 A 与 B 同时发生的情况,事件 A 与 B 同时发生的概率用 $P(AB)$ 表示。

概率的乘法定理:设 n 个事件 A_1,A_2,$\cdots$,$A_n(n>1)$ 满足 $P(A_1 A_2 \cdots A_n) > 0$,则:

$$P(A_1 A_2 \cdots A_n) = P(A_1)P(A_2|A_1)\,P(A_3|A_1 A_2)\cdots P(A_n|A_1 A_2 \cdots A_{n-1}) \tag{A-4}$$

若事件 A_1,A_2,$\cdots$,A_n 相互独立,则

$$P(A_1 A_2 \cdots A_n) = P(A_1)P(A_2)\,P(A_3)\cdots P(A_n) \tag{A-5}$$

两事件 A 与 B 乘积的概率等于一事件的概率,乘以在这一事件发生的条件下另一事件发生的条件概率,即

$$P(AB) = P(A)P(B|A) = P(B)P(A|B)$$

两个相互独立事件之积的概率等于两事件概率之积:

$$P(AB) = P(A)P(B)$$

n 个相互独立事件乘积的概率为

$$P\left(\prod_{i=1}^{n} A_i\right) = \prod_{i=1}^{n} P(A_i) \tag{A-6}$$

全概率公式:设 A_1,A_2,$\cdots$ 为有限个或无穷个互不相容的事件,且 $P\left(\sum_{i=1} A_i\right) = 1$,$P(A_i) > 0$,$(i = 1, 2, \cdots)$,则对任一事件 A,$P(A) > 0$,有

$$P(A) = \sum_{i} P(A_i)P(A|A_i) \tag{A-7}$$

贝叶斯公式:设 A_1,A_2,$\cdots$ 为有限个或无穷个互不相容的事件,且 $P\left(\sum_{i=1} A_i\right) = 1$,$P(A_i) > 0$,$(i = 1, 2, \cdots)$,则对任一事件 A,$P(A) > 0$,有:

$$P(A_j|A) = \frac{P(A|A_j)P(A_j)}{\sum_{i} P(A_i)P(A|A_i)},\ j = 1, 2, \cdots \tag{A-8}$$

A.1.3 两类随机变量

与随机事件有密切联系的一个重要概念是随机变量。这个概念的产生推动了概率理论的

研究和应用，使其研究的对象由随机事件扩大为随机变量。

所谓随机变量，是指在一定条件的实验中，每次都取一个不能预先确知数值的变量。

例如，某混凝土制品厂每天不出废品的概率0.8，出一件废品的概率为0.2，出两件及两件以上废品的概率为0，求5天中的废品总数。我们设它为 X，显然它可能取的值是0或1，2，3，4，5，但是不能预先确知取哪一个，因而是随机变量。

在上面的例子中，随机变量 X 的取值为可预先列举的有限个值(有时是可列个值)，称为离散型随机变量。反之，若随机变量的取值为充满某一区间的任何数值，则称为非离散型随机变量(或连续型随机变量)。例如，某地区地震最大加速度是一个变量，每次都有一个具体值，但究竟是一个什么样的数值，事前不可能预知，因而是随机变量。它可以在某个实数范围内，或者说在某个区间内，或者说在某个区间内取任意的数值，即其可能值可以充满某个区间，因而是非离散型随机变量。这类例子很多，如某地区的年最大风速、年最大积雪深度、年最大降雨量、以及材料强度等都属于非离散型随机变量。我们常用大写字母表示随机变量，小写字母表示它可能取的值。

A.2　随机变量的分布及数字特征

A.2.1　随机变量的分布

若 X 是一个随机变量，x 为任意一个实数($-\infty < x < \infty$)，则 $\{\omega | X(\omega) \leq x\}$ 简记为 $\{X \leq x\}$ 是一个随机事件，所以它有一个确定的概率，这样就定义了一个 $x(-\infty < x < \infty)$ 的函数，其函数值在区间 $[0,1]$ 上，这样的函数称为随机变量 X 的分布函数，即

$$F(x) = P(\{X \leq x\}), \quad (-\infty < x < \infty) \qquad (A-9)$$

分布函数具有以下性质：

(1) $0 \leq F(x) \leq 1$，($-\infty < x < \infty$)；

(2) $F(x_1) \leq F(x_2)$，($x_1 \leq x_2$)；

即任一分布函数都是单调非减的。

(3) $\lim\limits_{x \to -\infty} F(x) = 0$；$\lim\limits_{x \to +\infty} F(x) = 1$。

我们说，分布函数全面地反映了随机变量取值统计规律，有了这个分布函数，随机变量 X 按任何方式取值的概率便可依靠分布函数计算出来，例如按分布函数定义立即可知

$$P\{a < X \leq b\} = P\{X \leq b\} - P\{a < X\} = F(b) - F(a) \qquad (A-10)$$

即事件 $\{X \in (a, b)\}$ 的概率等于分布函数 $F(x)$ 在该区间上的增量。

常见的随机变量可以有离散型随机变量与连续型随机变量。前者仅能取有限个数或可数无限个数值，而后者即是非离散型随机变量中最重要的一类，而可靠度理论讨论中主要用的概率模型就是这一类。这是因为建筑结构设计中遇到的基本变量，比如材料强度、几何尺寸、弹性模量、裂缝、挠度、恒载、风、雪和临时楼面活荷载等取值都是充满某一区间，均可用连续型随机变量模型来描述。

如果随机变量 X 的分布函数 $F(x)$ 可表为

$$F(x) = \int_{-\infty}^{x} f(x) \, \mathrm{d}x \qquad (A-11)$$

其中 $f(x) \geq 0$，则称 X 为连续型随机变量，称 $f(x)$ 为 X 的分布密度(简称密度)，可以证明连续型随机变量的分布函数是连续函数。

分布密度具有下列性质：

(1) $f(x) \geq 0$；

(2) $\int_{-\infty}^{-\infty} f(x)\mathrm{d}x = 1$；

(3) $P\{a < X \leq b\} = F(b) - F(a) = \int_a^b f(x)\mathrm{d}x$。

由于连续型随机变量的分布函数与密度函数有如此紧密关系，所以连续型随机变量的统计规律也完全可以用密度函数来描述。

在实际问题中，试验结果有时往往需要用两个或两个以上随机变量来描述，要研究这些随机变量之间的联系，就同时考虑若干个随机变量即多维随机变量及其取值规律，下面将简单介绍这方面内容。为了简明起见，只介绍二维情形，可仿此类推。

例如在研究某族人的身长与体重之间的联系，要从这族人中抽出若干个来，测量他们的身长与体重。每抽一个人出来，就有一个由身长、体重组成的有序数组 (X, Y)，这个有序数组是根据试验结果(抽到的人)而确定的。

一般地如果有两个变量所组成的有序数组即二维变量 (X, Y)，它的取值是随着试验结果而确定，那么称这个二维变量 (X, Y) 为二维随机变量，与一维时相仿，我们定义二维随机变量 (X, Y) 的分布函数为

$$F(x, y) = P\{X \leq x, Y \leq y\}$$

其中 x, y 为任意实数，这就是说，二维分布函数 $F(x, y)$ 表示 (X, Y) 取图 A-1 所示区域 D_{xy} 内的值的概率，即

$$F(x, y) = P\{(X, Y) \in D_{xy}\}$$

与一维连续型随机变量类似，设 (X, Y) 为一个二维随机变量，如果存在着一个定义域为整个 $x0y$ 平面的非负函数，使 (X, Y) 的分布函数可表示为

$$F(x, y) = \iint\limits_{D_{xy}} f(x, y)\mathrm{d}\sigma = \int_{-\infty}^{x}\int_{-\infty}^{y} f(x, y)\mathrm{d}y\mathrm{d}x$$

$$(A-12)$$

其中 D_{xy} 为图 A-1 所示的无界区域，那么称 (X, Y) 为二维连续型随机变量，称 $f(x, y)$ 为 (X, Y) 的分布密度。

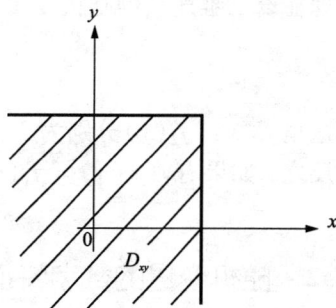

图 A-1

二维分布密度具有下列性质：

(1) $f(x, y) \geq 0$；

(2) $\int_{-\infty}^{\infty}\int_{-\infty}^{\infty} f(x, y)\mathrm{d}y\mathrm{d}x = 1$；

(3) $p\{(X, Y) \in D\} = \iint\limits_{D} f(x, y)\mathrm{d}\sigma$

其中 D 为 $x0y$ 平面内任意区域。

设二维连续型随机变量 (X, Y) 分布密度为 $f(x, y)$。

关于 X 的分布函数

$$F_1(x) = P\{X \leqslant x\} = P\{X \leqslant x, -\infty < Y < \infty\}$$

$$= \int_{-\infty}^{x} \left[\int_{-\infty}^{\infty} f(x, y) \mathrm{d}y \right] \mathrm{d}x$$

所以关于 X 的分布密度为

$$f_1(x) = \int_{-\infty}^{\infty} f(x, y) \mathrm{d}y$$

同理，关于 Y 的分布函数为

$$F_2(y) = P\{Y \leqslant y\} = P\{Y \leqslant y, -\infty < X < \infty\}$$

$$= \int_{-\infty}^{y} \left[\int_{-\infty}^{\infty} f(x, y) \mathrm{d}x \right] \mathrm{d}y$$

所以关于 Y 的分布密度为

$$f_2(y) = \int_{-\infty}^{\infty} f(x, y) \mathrm{d}x \tag{A-13}$$

下面我们将借助于随机事件的相互独立性概念，引进随机变量的相互独立性。

设 X、Y 为随机变量，如果对于任意实数 x、y，事件 $\{X \leqslant x\}$、$\{Y \leqslant y\}$ 是相互独立的，即

$$P\{X \leqslant x, Y \leqslant y)\} = P\{X \leqslant x\} P\{Y \leqslant y\}$$

那么称 X、Y 是相互独立的。我们也可以把相互独立性概念推广到两个以上的随机变量上去。

设 (X, Y)、X、Y 的分布函数依次为 $F(x, y)$、$F_1(x)$、$F_2(y)$，那么由上式即可得：若 X、Y 相互独立，有

$$F(x, y) = F_1(x) F_2(y)$$

反之亦然。

现在设二维连续型随机变量 (X, Y) 的分布密度为 $f(x, y)$。如果 X，Y 相互独立，则由上式有

$$f(x, y) = f_1(x) f_2(y)$$

这里 $f_1(x)$、$f_2(y)$ 分别为 X、Y 的分布密度。

反之，如果有 $f(x, y) = f_1(x) f_2(y)$ 成立，则有 $F(x, y) = F_1(x) F_2(y)$，故 X、Y 相互独立。

A.2.2　随机变量的数字特征

在许多实际场合，并非都要了解其概率分布，有时只要了解其某些主要的统计参数就行了。例如要了解一个工厂生产的某种产品的质量情况，有时只要了解产品质量的平均水平和均匀程度就够了。下面介绍几种常用的统计参数如平均数、方差、变异系数等。

1. 位置特征

反映随机变量的集中位置或分布中心的数学特征有数学期望、众数或中位数等。

对离散型随机变量来说，所有可能值与其对应概率乘积的总和称为该随机变量的数学期望。

例如，设离散型随机变量的可能值为 x_1, x_2, $\cdots$, x_n，其对应的概率分别为 p_1, p_2, $\cdots$, p_n，则 X 的数学期望，记为 $M[X]$ 或 μ_x，为：

$$M[X] = \sum_{i=1}^{n} x_i p_i \qquad\qquad (A-14)$$

若 X 以等概率 $p_i = 1/n$ 取 $x_1(i=1, 2, \cdots, n)$，则

即随机变量的数学期望就是其所有可能值 $x_1, x_2, \cdots, x_n$ 的平均值。

在一般情况下，随机变量 X 取 x_1 的概率 p_i 是不相等的，设

$$P_i = \frac{m_i}{N}, \quad \sum_{i=1}^{n} m_i = N \qquad M[X] = \frac{1}{n} \sum_{i=1}^{n} x_i$$

则

$$M[X] = \frac{1}{N} \sum_{i=1}^{n} m_i x_i \qquad\qquad (A-15)$$

即随机变量 X 的数学期望是所有可能值 $x_1, x_2, \cdots, x_n$ 的加权平均值。m_i 称为 x_i 的权数。

由上述可见，随机变量的数学期望实际上是平均值的推广。并常常把数学期望就称为平均值。

对于连续型随机变量来说，由于它的可能值是不可列的，是连续地充满某个区间的，因而式（2-8）中的离散值 x_i 替换为连续变量 x，x_i 对应的概率 p_i 则替换为概率元 $f(x)\mathrm{d}x$，且总和改为积分，即得非离散型随机变量的数学期望：

$$M[X] = \int_{-\infty}^{\infty} x f(x)\,\mathrm{d}x \qquad\qquad (A-16)$$

当已确知随机变量 X 的取值范围为 (a, b) 时，则上式积分可改为从 a 到 b。

在位置特征中，除了最常用的数学期望外，有时也用众数和中位数，分别记为 μ_{1x} 和 μ_{2x}。对离散型随机变量来说，众数是概率为最大的可能值；对连续型随机变量来说，众数则是概率密度为极大的值。由于工程中常遇到的概率密度是单峰铃形曲线，故众数可由下式求得：

$$\frac{\mathrm{d}f(x)}{\mathrm{d}x} = 0 \qquad\qquad (A-17)$$

随机变量的中位数，也常称中值，是满足等式

$$P(X < \mu_{2x}) = P(X > \mu_{2x}) \qquad\qquad (A-18)$$

的 μ_{2x} 值。从几何上说，中位数将分布曲线下的面积划分为相等的两半，即随机变量取小于或大于 μ_{2x} 值的概率相等。通常中位数只适用于连续型随机变量，对离散型随机变量也可给予适当定义，但是用处不大，故不详述。

当分布曲线为对称且单峰时，则数学期望、众数、中位数三者重合为一。若分布是非对称的，则因数学期望受较大可能值的影响最大，故离众数最远，且偏于分布曲线的长尾部，中位数总是介于众数与数学期望之间。三者还有如下经验关系：对连续型随机变量来说，众数与中位数之间的距离，一般约两倍于中位数与数学期望之间的距离。

2. 原点矩和中心矩

数学期望是表达随机变量的集中位置或者说分布中心的数字特征。求出了数学期望，就知道了随机变量的一切可能值是围绕什么值分布的，因此数学期望是最重要的数学特征。但是，随机变量的一切可能值围绕数学期望究竟怎样分布，是比较集中或比较分散，还需要其他的数字特征来说明。

我们知道，在力学中常用矩来描述质量或面积的分布特征。例如，截面惯性矩的大小可以表示面积的分布情况。当截面积相同时，则惯性矩大者，面积分布离重心远。与此类似，

在概率论中也用矩来描述随机变量集中程度及分布特征。

对离散型随机变量,所有可能值的 k 次方与其对应概率的乘积的总和称为该随机变量的 k 阶原点矩。

例如,设离散型随机变量的可能值为 x_1, x_2, $\cdots$, x_n, 其对应的概率分别为 p_1, $p_2 \cdots$, p_n, 则 X 的 k 阶原点矩为

$$m_k[X] = \sum_{i=1}^{n} x_i^k p_i \qquad (A-19)$$

对于连续型随机变量,则如前述,应将离散值的求和,改为对连续变动的参数 x 的积分,且将 p_i 代之以概率元 $f(x)\mathrm{d}x$ 即

$$m_k[X] = \int_{-\infty}^{\infty} x^k f(x)\mathrm{d}x$$

比较式(2-8)与式(2-13),式(2-10)与式(2-14)可以看出,数学期望就是一阶原点矩,而 k 阶原点矩则是随机变量 x 的 k 次方的数学期望:

$$m_k[X] = M[X^k] \qquad (A-20)$$

随机变量 X 与其数学期望 μ_x 之差称为中心化随机变量,即为 $X-\mu_x$, 它的 k 阶原点矩称为随机变量的 k 阶中心矩,记为 $\mu_k[X]$, 计算公式为:

$$\mu_k[X] = M[(X-\mu_x)^k] \qquad (A-21)$$

对于离散型随机变量

$$\mu_k[X] = \sum_{i=1}^{n} (x_i-\mu_x)^k p_i \qquad (A-22)$$

对于连续型随机变量

$$\mu_k[X] = \int_{-\infty}^{\infty} (x-\mu_x)^k f(x)\mathrm{d}x \qquad (A-23)$$

一阶中心矩恒等于零。将式(A-22)中的 $(x_i-\mu_x)^k$ 或式(A-23)中的 $(x-\mu_x)^k$ 用二项式定理展开,则可求得中心矩与原点矩的下述关系:

$$\mu_2 = m_2 - \mu_x^2$$
$$\mu_3 = m_3 - 3m_2\mu_x + 2\mu_x^3$$
$$\mu_4 = m_4 - 4m_3\mu_x + 6m_2\mu_x - 3\mu_x^4$$
$$\cdots$$

3. 方差、标准差、变异系数

如所知,惯性矩是面积对通过形心主轴的二阶矩,它反映了面积围绕形心的分布特征。与此相对应,随机变量对数学期望的二阶矩,即二阶中心矩,则描述随机变量围绕数学期望的分布特征,通常称为方差,记为 $D[X]$,

$$D[X] = \mu_2[X] = M[(X-\mu_x)^2] \qquad (A-24)$$

即方差是随机变量相对其数学期望的偏差的平方的数学期望。

对于离散型随机变量:

$$D[X] = \sum_{i=1}^{n} (x_i-\mu_x)^2 p_i \qquad (A-25)$$

对于连续型随机变量:

$$D[X] = \int_{-\infty}^{\infty} (x - \mu_x)^2 f(x) \mathrm{d}x \qquad (A-26)$$

从方差的定义及计算公式可以看出，方差是恒为正的。若方差是一个很小的正数，则表示随机变量的一切可能值高度集中在数学期望附近；反之，若方差是一个很大的正数，则表示随机变量的取值是很分散的，即与数学期望的偏差很大。因此，方差是描述随机变量的离散性的数字特征。

由于方差具有随机变量二次方的量纲，用起来不方便，因而常取方差的平方根作为描述随机变量离散性的数学特征，称为均方差或标准（离）差，记为 $\sigma[X]$ 或 σ_x。

$$\sigma[X] = \sqrt{D[X]} \qquad (A-27)$$

但是随机变量均方差的大小除了与离散性有关外，还与其数学期望值的大小有关，因此不能仅用均方差来比较随机变量的离散度，而应采用均方差与数学期望的比值作为判据。这个比值称为离散系数或变异系数，记为 δ。

$$\delta = \sigma/\mu \qquad (A-28)$$

4. 偏态系数和峰度系数

当分布曲线为对称时，不难证明所有奇次阶的中心矩等于零。

如果 $\mu_{2k+1}[X] \neq 0 (k = 1, 2, \cdots)$，则说明分布曲线不是对称的。由于一阶中心矩是恒等于零的，因此第一个可能不等于零的奇次阶中心矩是三阶中心矩 μ_3，故通常选用 μ_3 表征随机变量分布的不对称性。但考虑到三阶矩的量纲是随机变量的三次方，为了得到无量纲的数字特征，一般采用三阶中心矩与均方差的三次方的比值，称为偏态系数或简称偏态，记为 Cs。

$$Cs = \mu_3/\sigma^3 \qquad (A-29)$$

当 $Cs > 0$ 时，分布曲线称为正偏态曲线；当 $Cs < 0$ 时，分布曲线称为负偏态曲线（图 A-2）。

四阶中心矩描述了分布曲线顶峰的突出程度。鉴于四阶中心矩具有随机变量的四次方量纲，故常采用四阶中心矩与均方差的四次方的比值，即 μ_4/σ^4。同时，又因正态曲线的 μ_4/σ^4 等于 3，故定义

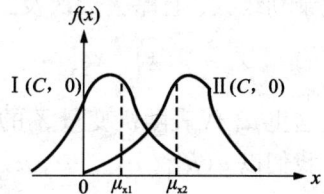

图 A-2

$$Ce = \frac{\mu_4}{\sigma^4} - 3 \qquad (A-30)$$

为峰度系数或简称峰度。

当 $Ce < 0$ 时，表示分布曲线的峰度比正态曲线低，即比较平坦，称低峰度曲线；当 $Ce > 0$ 时，则曲线比较尖峭，称高峰度曲线（图 A-3）。

在大多数实际问题中，最常用的数字特征是数学期望及方差（或均方差）、离散系数，其次是偏态，再次是峰度。而采用更多和更高阶的矩，从理论上说能够更多地描述随机变量的分布特征，但在实际统计中，用高阶矩将可能产生很大误差，故极少采用。

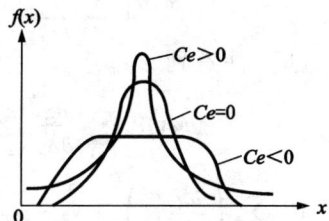

图 A-3

A.2.3　统计参数的运算

随机变量通过代数运算后，是一个新的随机变量。下面总结一下这新的随机变量的统计参数与参加运算的各随机变量的统计参数之间的关系，这些结论在可靠度分析中经常要用到。

设 X 和 Y 是相互独立随机变量，a 为常数，以 μ_X、σ_X、μ_Y、σ_Y 分别为其相应的均值与标准差，则有如下结论：

代数运算	均值	标准差
$Z = a$	a	
$Z = aX$	$a\mu_X$	$\lvert a\rvert\sigma_X$
$Z = X + a$	$\mu_X + a$	σ_X
$Z = X \pm Y$	$\mu_X \pm \mu_Y$	$\sqrt{\sigma_X^2 + \sigma_Y^2}$
$Z = XY$	$\mu_X\mu_Y$	$\approx \sqrt{\mu_X^2\sigma_X^2 + \mu_Y^2\sigma_Y^2}$

现在提出较一般问题。设 X_1，X_2，$\cdots$，X_n 为 n 个相互独立的随机变量，而 $Z = g(X_1, X_2, \cdots, X_n)$。显然 Z 也是一个新的随机变量。如果函数关系为一些简单情形时（如上所述的代数运算），前面总结的统计参数代数运算法则解决了 Z 的统计参数与参加运算的各随机变量的统计参数之间关系的问题。可是遇到较复杂的函数关系时，上述介绍的统计参数运算法则就不顶用了。因此摆在我们面前是寻求实用的方法。下面介绍一种近似的方法——泰勒级数展开法。

设 $Z = g(X_1, X_2, \cdots, X_n)$，现将此 n 元函数 $g(X_1, X_2, \cdots, X_n)$ 在 $(\mu_{X1}, \mu_{X2}, \cdots, \mu_{Xn})$ 展开成泰勒级数，且略去二次及二次以上各项，则得

$$Z = g(X_1, X_2, \cdots, X_n) \approx g(\mu_{X_1}, \mu_{X_2}, \cdots, \mu_{X_n}) + \sum_{i=1}^{n} \frac{\partial g}{\partial X_i}\Big|_{\mu} (X_i - \mu_{X_i}) \quad (A-31)$$

这里 μ_{X_i} 代表随机变量 X_i 的均值（$i = 1, 2\cdots, n$）。

我们以 $g(\mu_{X_1}, \mu_{X_2}, \cdots, \mu_{X_n})$ 作为新的随机变量 Z 的均值，即

$$\mu_Z = g(\mu_{X_1}, \mu_{X_2}, \cdots, \mu_{X_n}) \quad (A-32)$$

由式 $(A-31)$、$(A-32)$ 有

$$M(Z^2) = \mu_Z^2 + M\Big(\mu_Z \sum_{i=1}^{n} \frac{\partial g}{\partial X_i}\Big|_{\mu} (X_i - \mu_{X_i})\Big) + M\Big(\sum_{i=1}^{n} \Big(\frac{\partial g}{\partial X_i}\Big|_{\mu}\Big)^2 (X_i - \mu_{X_i})^2\Big)$$

$$+ M\Big[\sum_{i=1}^{n}\sum_{j=1}^{n} (X_i - \mu_{X_i})(X_j - \mu_{X_j}) \frac{\partial g}{\partial X_i}\Big|_{\mu} \frac{\partial g}{\partial X_j}\Big|_{\mu}\Big]$$

这里，注意到

$$M\Big(\mu_Z \sum_{i=1}^{n} \frac{\partial g}{\partial X_i}\Big|_{\mu} (X_i - \mu_{X_i})\Big) = \mu_Z \sum_{i=1}^{n} M\Big[\frac{\partial g}{\partial X_i}\Big|_{\mu} (X_i - \mu_{X_i})\Big] = 0$$

$$M\Big(\sum_{i=1}^{n} \Big(\frac{\partial g}{\partial X_i}\Big|_{\mu}\Big)^2 (X_i - \mu_{X_i})^2\Big) = \sum_{i=1}^{n} M\Big[\Big(\frac{\partial g}{\partial X_i}\Big|_{\mu}\Big)^2 (X_i - \mu_{X_i})^2\Big] = \sum_{i=1}^{n} \Big(\frac{\partial g}{\partial X_i}\Big|_{\mu}\Big)^2 \sigma_{X_i}^2$$

X_1，X_2，$\cdots$，X_n 相互独立条件下

$$M\Big[\sum_{i=1}^{n}\sum_{j=1}^{n} (X_i - \mu_{X_i})(X_j - \mu_{X_j}) \frac{\partial g}{\partial X_i}\Big|_{\mu} \frac{\partial g}{\partial X_j}\Big|_{\mu}\Big]$$

$$= \sum_{i=1}^{n} \sum_{j=1}^{n} M(X_i - \mu_{X_i}) M(X_j - \mu_{X_j}) \frac{\partial g}{\partial X_i}\bigg|_{\mu} \frac{\partial g}{\partial X_j}\bigg|_{\mu} = 0$$

所以 $\sigma_Z^2 = M(Z^2) - \mu_Z^2 = \sum_{i=1}^{n} \left(\frac{\partial g}{\partial X_i}\bigg|_{\mu}\right)^2 \sigma_{X_i}^2$，则

$$\sigma_Z = \sqrt{\sum_{i=1}^{n} \left(\frac{\partial g}{\partial X_i}\bigg|_{\mu}\right)^2 \sigma_{X_i}^2} \qquad (A-33)$$

式（A-33）与误差理论中的误差传递公式一样，所以习惯上将关系式（A-33）也称为误差传递公式。

例 A-1　设 $S = 3WL^2/(4BD^2)$，其中 W、L、B、D 均是随机变量。求 S 的变异系数。

解

$$\mu_S = \frac{3\mu_W \mu_L^2}{4\mu_B \mu_D^2}$$

所以

$$\sigma_S^2 = \left(\frac{\partial S}{\partial W}\bigg|_{\mu}\right)^2 \sigma_W^2 + \left(\frac{\partial S}{\partial L}\bigg|_{\mu}\right)^2 \sigma_L^2 + \left(\frac{\partial S}{\partial B}\bigg|_{\mu}\right)^2 \sigma_B^2 + \left(\frac{\partial S}{\partial D}\bigg|_{\mu}\right)^2 \sigma_D^2$$

$$= \left(\frac{3\mu_W \mu_L^2}{4\mu_B \mu_D^2}\right)^2 \left[\left(\frac{\sigma_W}{\mu_W}\right)^2 + 4\left(\frac{\sigma_L}{\mu_L}\right)^2 + \left(\frac{\sigma_B}{\mu_B}\right)^2 + 4\left(\frac{\sigma_D}{\mu_D}\right)^2\right]$$

$$= (\mu_S)^2 (\delta_W^2 + 4\delta_L^2 + \delta_B^2 + 4\delta_D^2)$$

$$\delta_S = \sqrt{\delta_W^2 + 4\delta_L^2 + \delta_B^2 + 4\delta_D^2}$$

A.2.4　随机变量相关的概念

上面讨论的都是相互独立的随机变量。在工程实际问题中基本随机变量常常是相关的，变量间的相关性会影响结构可靠度的计算值。因此对于相关随机变量应先做不相关化处理。

设有随机变量 X_i、X_j，其均值为 μ_{X_i}、μ_{X_j}，标准差为 σ_{X_i}、σ_{X_j}。X_i 与 X_j 的相关性可用协方差

$$\mathrm{Cov}(X_i, X_j) = M[(X_i - \mu_{X_i})(X_j - \mu_{X_j})] \qquad (A-34)$$

或相关系数

$$\rho_{X_i X_j} = \mathrm{Cov}(X_i, X_j)/\sigma_{X_i}\sigma_{X_j} \qquad (A-35)$$

来表达。如果 X_i 和 X_j 不相关，则有 $\mathrm{Cov}(X_i, X_j) = 0$，$\rho_{X_i X_j} = 0$。$\rho_{X_i X_j} = 1$ 表示 X_i 和 X_j 完全相关。相关系数的范围为 $-1 \leqslant \rho_{X_i X_j} \leqslant 1$。

设有 n 个随机变量 $X_1, X_2, \cdots, X_n$，用向量表示为 $\{X\} = (X_1, X_2, \cdots, X_n)^{\mathrm{T}}$，其协方差矩阵 $[C_X]$ 则为

$$[C_X] = \begin{bmatrix} \sigma_{X_1}^2 & \mathrm{Cov}[X_1, X_2] & \cdots & \mathrm{Cov}[X_1, X_n] \\ \mathrm{Cov}[X_2, X_1] & \sigma_{X2}^2 & \cdots & \mathrm{Cov}[X_2, X_n] \\ \cdots & \cdots & \cdots & \cdots \\ \mathrm{Cov}[X_m, X_1] & \mathrm{Cov}[X_n, X_2] & \cdots & \sigma_{X_n}^2 \end{bmatrix} \qquad (A-36)$$

显然，当任意两个随机变量均不相关时，$[C_X]$ 为一对角矩阵，对角线上的元素即为方差 $\sigma_{X_i}^2$。

现在考虑一组新的变量 $\{Y\} = (Y_1, Y_2, \cdots, Y_n)^T$，其中 $Y_i(i = 1, 2, \cdots, n)$ 是 X_1，X_2，$\cdots$，X_n 的线性函数。根据线性代数的理论，采用适当的变换，可使 $\{Y\}$ 成为一组不相关的随机变量。作变换 $\{Y\} = [A]^T\{X\}$，其中 $[A]$ 是正交矩阵，其列向量为 $[C_X]$ 的规格化正交特征向量。这时 $\{Y\}$ 的协方差矩阵即为对角矩阵

$$[C_Y] = \begin{bmatrix} \sigma_{Y_1}^2 & & \cdots & \\ & \sigma_{Y_2}^2 & \cdots & \\ \cdots & \cdots & \cdots & \cdots \\ & & \cdots & \sigma_{Y_n}^2 \end{bmatrix}$$

并且有

$$[C_Y] = [A]^T[C_{X_V}][A] \tag{A-37}$$

$[C_Y]$ 的对角线元素就等于 $[C_X]$ 的特征值。

例 A-2 随机变量 X_1，X_2，其均值为 $M[X] = (M[X_1], M[X_2])^T = (2, 3)^T$，协方差矩阵为

$$[C_X] = \begin{bmatrix} \sigma_{X_1}^2 & \mathrm{Cov}[X_1, X_2] \\ \mathrm{Cov}[X_2, X_1] & \sigma_{X_2}^2 \end{bmatrix}$$

现求 $[C_Y]$ 矩阵。

解 $[C_X]$ 的特征方程为

$$\begin{vmatrix} 3 - \lambda & 1 \\ 1 & 3 - \lambda \end{vmatrix} = 0$$

即

$$(3 - \lambda)^2 - 1 = 0$$

特征值为 $\lambda_1 = 2$，$\lambda_2 = 4$。将 $\lambda_1 = 2$ 代入 $([C_X] - \lambda[I])\{V\} = 0$

求得特征向量为 $\{V\} = \{1, -1\}^T$

规格化后得

$$\{V_1\} = \frac{\sqrt{2}}{2}\{1, -1\}^T$$

同理，当 $\lambda_2 = 4$ 时，

$$\{V_2\} = \frac{\sqrt{2}}{2}\{1, 1\}^T$$

于是得转换矩阵

$$[A] = \frac{\sqrt{2}}{2}\begin{bmatrix} 1 & 1 \\ -1 & 1 \end{bmatrix}$$

从而得

$$\{Y\} = [A]^T\{X\} = \frac{\sqrt{2}}{2}\begin{bmatrix} 1 & -1 \\ 1 & 1 \end{bmatrix}\{X\}$$

即

$$\begin{Bmatrix} Y_1 \\ Y_2 \end{Bmatrix} = \frac{\sqrt{2}}{2}\begin{bmatrix} 1 & -1 \\ 1 & 1 \end{bmatrix}\begin{Bmatrix} X_1 \\ X_2 \end{Bmatrix}$$

均值

$$M[\,Y\,] = A^{\mathrm{T}} M[\,X\,] = \frac{\sqrt{2}}{2} \begin{bmatrix} 1 & -1 \\ 1 & 1 \end{bmatrix}^{\mathrm{T}} \begin{Bmatrix} 2 \\ 3 \end{Bmatrix}$$

协方差矩阵

$$[\,C_{\mathrm{Y}}\,] = \begin{bmatrix} \lambda_1 & 0 \\ 0 & \lambda_2 \end{bmatrix} = \begin{bmatrix} 0 & 0 \\ 0 & 4 \end{bmatrix}$$

A.2.5   常用的概率分布及基本统计参数

在运用概率论和数理统计方法研究荷载的取值时，应选择能反映荷载统计资料的概率分布，在最大频数范围内，概率分布曲线不仅能最大程度地符合实验分布曲线，而且要能让它外推到荷载值所能发生的最小值范围[4]。

1. 正态分布

正态分布又称高斯分布，是实践中应用最广泛的一种分布。正态分布曲线是无限随机变量大数总和的极限分布曲线，可由中心极限定理或误差理论推导而得。

如果连续型随机变量 X 的概率密度函数为

$$f(x) = \frac{1}{\sqrt{2\pi}\sigma} \exp\left[-\frac{(x-\mu)^2}{2\sigma^2} \right] \quad (-\infty < x < +\infty) \tag{A-38}$$

式中：exp( )表示以自然数 e 为底的指数函数；μ 及 $\sigma > 0$ 是常数（称为分布参数），则称 X 服从参数为 μ、σ 的正态分布，记为 $X \sim N(\mu, \sigma)$。正态分布函数为

$$F(x) = \int_{-\infty}^{x} \frac{1}{\sqrt{2\pi}\sigma} \exp\left[-\frac{(t-\mu)^2}{2\sigma^2} \right] \mathrm{d}t \tag{A-39}$$

当分布参数 $\mu = 0$、$\sigma = 1$ 时，则称 X 服从标准正态分布，记为 $X \sim N(0,1)$。其概率密度函数和分布函数分别表示为

$$\varphi(x) = \frac{1}{\sqrt{2\pi}} \exp\left(-\frac{x^2}{2} \right) \quad (-\infty < x < +\infty) \tag{A-40-1}$$

$$\Phi(x) = \int_{-\infty}^{x} \frac{1}{\sqrt{2\pi}} \exp\left(-\frac{t^2}{2} \right) \mathrm{d}t \tag{A-40-2}$$

数学期望（mean）是随机变量最基本的数学特征之一。它反映随机变量平均取值的大小。在统计学中，当估算一个变量的期望值时，经常用到的方法是重复测量此变量的值，然后用所得数据的平均值作为此变量的数学期望值的估计，故又称均值。根据数学期望的定义

$$E(X) = \int_{-\infty}^{+\infty} x f(x) \mathrm{d}x = \int_{-\infty}^{+\infty} x \frac{1}{\sqrt{2\pi}\sigma} \exp\left[-\frac{(x-\mu)^2}{2\sigma^2} \right] \mathrm{d}x = \mu_X \tag{A-41}$$

令 $t = \dfrac{x-\mu}{\sigma}$，即 $x = \mu + \sigma t$，$\mathrm{d}x = \sigma \mathrm{d}t$ 代入式（A-41），得：

$$\mu_{\mathrm{X}} = \int_{-\infty}^{+\infty} (\mu + \sigma t) \frac{1}{\sqrt{2\pi}\sigma} \exp\left[-\frac{t^2}{2} \right] \sigma \mathrm{d}t$$

$$= \frac{\mu}{\sqrt{2\pi}} \int_{-\infty}^{+\infty} \exp\left(-\frac{t^2}{2} \right) \mathrm{d}t + \frac{\sigma}{\sqrt{2\pi}} \int_{-\infty}^{+\infty} t \exp\left(-\frac{t^2}{2} \right) \mathrm{d}t = \mu \tag{A-42}$$

方差（variance）是在概率论和统计学中衡量随机变量或一组数据离散程度的度量。概率

论中方差用来度量随机变量和其数学期望(即均值)之间的偏离程度。统计中的方差(样本方差)是各个数据分别与其平均数之差的平方的和的平均数。在许多实际问题中,研究方差即偏离程度有着重要意义。按方差的定义

$$D(X) = \int_{-\infty}^{+\infty} [x - E(X)]^2 f(x) \mathrm{d}x = \sigma_X^2 \qquad (A - 43)$$

同样地,令 $t = \dfrac{x - \mu}{\sigma}$,即 $x = \mu + \sigma t$,$\mathrm{d}x = \sigma \mathrm{d}t$,并将 $E(X) = \mu$ 代入式(A-43),得:

$$\sigma_X^2 = \frac{\sigma^2}{\sqrt{2\pi}} \int_{-\infty}^{+\infty} t^2 \exp\left(-\frac{t^2}{2}\right) \mathrm{d}t = \sigma^2 \qquad (A - 44)$$

可见,正态分布函数 X 的分布参数 μ 为均值 μ_X,σ 为标准差 σ_X。

2. 极值分布

1)极值 I 型分布

对可变荷载如楼面活荷载、风荷载、雪荷载的调查实测数据进行处理后,并通过统计假设检验,其概率分布选用非对称的极值 I 型分布更为适合。如果连续型随机变量 X 的概率密度函数为

$$f(x) = \alpha \exp[-\alpha(x - \beta)] \exp\{-\exp[-\alpha(x - \beta)]\} \quad (-\infty < x < +\infty) \quad (A - 45)$$

式中:α 及 β 是常数(称为分布参数),则称 X 服从极值 I 型分布(又称 Gumbel 分布),记为 $X \sim G(\alpha, \beta)$。极值 I 型分布函数为

$$F(x) = \exp\{-\exp[-\alpha(x - \beta)]\} \qquad (A - 46)$$

同理,根据随机变量均值和标准差的定义可以计算出极值 I 型分布的分布参数与统计参数均值和标准差之间的对应关系。

$$\begin{cases} \alpha = 1.2826/\sigma_X \\ \beta = \mu_X - 0.5772/\alpha \end{cases} \qquad (A - 47)$$

2)极值 II 型(最大值型)

极值 II 型(最大值型)的概率分布为

$$F(x) = \exp(-(\alpha/x)^K, \ x \geq 0 \qquad (A - 48)$$

式中 α 和 k 参数用下式确定:

$$\mu = \alpha \Gamma(1 - 1/k) \quad k > 1$$
$$\sigma^2 = \alpha^2 [\Gamma(1 - 2/k) - \Gamma^2(1 - 1/k)] \quad k > 2$$

本分布有时用于模拟地震作用。

3)极值 III 型(最小值型)

极值 III 型(最小值型)的概率分布为:

$$F(x) = 1 - \exp(-(\alpha/x)^K), \ x \geq 0 \qquad (A - 49)$$

式中:α 和 k 参数用下式确定:

$$\mu = \alpha \Gamma(1 + 1/k)$$
$$\sigma^2 = \alpha^2 [\Gamma(1 + 2/k) - \Gamma^2(1 + 1/k)]$$

本分布有时用于模拟材料强度。

3. 对数正态分布

在概率论与统计学中,对数正态分布是对数为正态分布的任意随机变量的概率分布。如

果一个变量可以看作是许多很小独立因子的乘积,则这个变量可以看作是对数正态分布。随机变量 X 和 Y,且 $Y = \ln X$,若 Y 服从正态分布,则 X 服从对数正态分布,记为 $X \sim LN(\mu, \sigma)$。 X 的概率密度函数为

$$f(x) = \begin{cases} \dfrac{1}{\sqrt{2\pi}\sigma x}\exp\left[-\dfrac{(\ln x - \mu)^2}{2\sigma^2}\right] \\ x > 0, \ x = 0, \ x \leqslant 0 \end{cases} \qquad (A-50)$$

对数正态分布随机变量 X 的分布函数为

$$F(x) = \int_{-\infty}^{x} \frac{1}{\sqrt{2\pi}\sigma t}\exp\left[-\frac{(\ln t - \mu)^2}{2\sigma^2}\right]dt \qquad (A-51)$$

同理,根据随机变量均值和标准差的定义可以计算出对数正态分布的分布参数与统计参数均值和标准差之间的对应关系。

$$\begin{cases} \mu = \ln\left(\dfrac{\mu_X}{\sqrt{1+\delta_X^2}}\right) \\ \sigma = \sqrt{\ln(1+\delta_X^2)} \end{cases} \qquad (A-52)$$

A.3 随机过程及数字特征

A.3.1 随机过程及其样本函数

随着工程结构可靠性研究的进一步深入,结构设计基本变量的数学模型逐步引进了时间概念,使数学模型更能反映基本变量的客观实际。如风荷载,人群荷载,温度作用等随时间的统计特征研究等,都需要依赖于时间参数 t 的随机变量 $X(t)$ 作为数学模型。

常见的一类依赖于时间参数的随机变量就是所谓的随机过程 $X(t)$,其基本特点是:

(1)在被观测的时间区间 $[0, T]$ 内,在某一固定的时刻 $t_0 \in [0, T]$,考虑被研究的对象 $X(t_0)$ 时,它是一个随机变量,具有概率分布 $F_{t_0}(x)$;

(2)在时间区间 $[0, T]$ 内,作一次实际观测时,其结果是一个 t 的实值函数 $X_0(t_0) = g(t)$;

(3)在区间 $[0, T]$ 上取定一个时刻 t_0,对 $X(t)$ 作观测时,$X_0(t_0) = a$ 为一个实数。

由以上特点可见,随机过程是一组依赖于时间 t 的随机变量的总称,可记为 $\{X(t), a \leqslant t \leqslant b\}$。在结构概率极限状态设计的研究中,时间区间 $[a, b]$ 一般取为结构设计基准期 $[0, T]$。结构中的可变作用、可变荷载及荷载效应、材料疲劳失效等基本变量,都可以选择一种合适的随机过程,以及在设计值基准期 $[0, T]$ 内随机过程最大值的概率分布。这种概率分布提供了作用、荷载、荷载效应以及可变材料性能标准值的取值依据。

按照随机过程 $\{X(t), a \leqslant t \leqslant b\}$ 的特性,当在区间 $[a, b]$ 上任取一个时刻 t_0,则 $X(t_0)$ 就是一个随机变量。它有一个概率分布函数 $F_{t_0}(x) = P[X(t_0) \leqslant x]$ 称为随机过程的截口 $X(t_0)$ 的概率分布。在工程界把它叫作任一时点分布。

当另取一个时刻 t_1 时,截口 $X(t_1)$ 仍然是一个随机变量,其概率分布函数为

$$F_{t_1}(x) = P[X(t_1) \leqslant x]$$

一般而言，$F_{t_0}(x)$ 与 $F_{t_1}(x)$ 往往是不一样的，即它们不是相同的分布，由此可见，随机过程的截口分布类型很多。这种分布的全体 $\{F_{t_1}(x), a \leqslant t_1 \leqslant b\}$ 叫作随机过程的一维分布。如果在时间区间 $[a, b]$ 上任取两个时刻 t_1，t_2，则两个截口 $X(t_1)$，$X(t_2)$ 的联合概率分布函数

$$F_{t_1, t_2}(x, y) = P[X(t_1) \leqslant x, X(t_2) \leqslant y] \qquad (A-53)$$

叫作随机过程 $\{X(t), a \leqslant t \leqslant b\}$ 的二维分布律，记为

$$\{F_{t_1, t_2}(\ , y), a \leqslant t_1, t_2 \leqslant b\} \qquad (A-54)$$

由此可推，可以定义 $\{X(t), a \leqslant t \leqslant b\}$ 的 n 维分布律

$$\{F_{t_1, t_2 \cdots t_n}(x_1, x_2, \cdots x_n), a \leqslant t_1, t_2, \cdots t_n \leqslant b\} \qquad (A-55)$$

A.3.2　几个常用的随机过程

工程结构中常用的随机过程及其统计规律如下：

1. 平稳二项随机过程

在工程结构的基本变量中，有一类变量在整个设计基准期内有时出现，有时不出现，而一旦出现就会持续一段时间。由此可以用二项随机过程作为它的数学模型。

如果某种随机过程满足以下条件：

(1) 时间区间 $[a, b]$ 可分成 n 个相等时段，记为 τ_1，τ_2，$\cdots$，τ_n；

(2) 在每个时段，变量 $X(t)$ 出现的概率 $p = P[X(t) = X_t > 0]$，不出现的概率 $q = 1 - p$，其中 $X_i(i = 1, 2, \cdots, n)$ 为变量出现的量值；

(3) 每个 X_i 的概率分布 $F_i(x)$ 都相同，即 $F_i(x) = F(x)$；

(4) $X_i(i = 1, 2, \cdots, n)$ 相互独立，且与时段上是否出现无关。

则该过程称为平稳二项随机过程 $\{X(t), a \leqslant t \leqslant b\}$。

2. 泊松过程

如果一种随机过程满足如下条件：

(1) $N(0) = 0$；

(2) 对任意整数 $n \geqslant 1$ 及 $0 = t_0 < t_1 < \cdots < t_n$，随机变量 $N(t_0)$，$N(t_1) - N(t_0)$，$N(t_2) - (t_1)$，$\cdots$，$N(t_n) - N(t_{n-1})$ 相互独立；

(3) 对任意 $t > s \geqslant 0$，

$$P[N(t) - N(s) = k] = \frac{[\lambda(t-s)]^k}{k!} e^{-\lambda(t-s)}, \ k = 0, 1, 2 \cdots \qquad (A-56)$$

式中：$\lambda(t-s)$ 叫作强度参数。

则该过程称为泊松过程 $\{N(t), t \geqslant 0\}$。

3. 复合泊松过程

如果一种随机过程可表达为

$$X(t) = \sum_{t=0}^{N(t)} \xi_t, \ t \geqslant 0$$

式中，(1) $\{\xi_i, i = 0, 1, 2, \cdots\}$ 为独立同分布随机变量序列；

(2) $\{N(t), t \geqslant 0\}$ 为以 λ 为强度的泊松过程；

(3) $\{\xi_i\}$ 与 $\{N(t), t \geqslant 0\}$ 相互独立。

则该过程称为复合泊松过程 $\{N(t), t \geqslant 0\}$。

4. 更新过程

如果某过程相继发生两次更新事件的时间间隔是独立同分布于任意分布 $F(x)$，如威布尔分布、伽马分布等，则该过程称为更新过程 $\{X(t), t \geqslant 0\}$。

当 $F(x)$ 为指数分布时

$$F(x) = 1 - \mathrm{e}^{-\lambda x}$$

则更新过程 $\{X(t), t \geqslant 0\}$ 就是泊松过程。所以更新过程的样本函数很类似于泊松过程，只是两次相继更新出现的时间间隔不服从指数分布。

5. 正态过程

如果某过程的任意 n 维分布为 n 维联合正态分布，即对任意整数 n 及 $t_1 < t_2 < \cdots < t_n$，$X(t_1)$，$X(t_2)$，$\cdots$，$X(t_n)$ 的联合概率密度函数

$$f_{t_1, t_2, \cdots, t_n}(x_1, x_2, \cdots, x_n) = \frac{1}{\sqrt[n]{2\pi}\sqrt{|B|}} \exp\left[-\frac{1}{2}\sum_{i=1}^{n}\sum_{j=1}^{n} b_{ij}(x_i - \mu_i)(x_j - \mu_j)\right]$$

$$(A-57)$$

为 n 维正态密度函数。式中 $|B|$ 为协方差矩阵

$$B = \begin{bmatrix} \sigma_1^2 & \rho_{12}\sigma_1\sigma_2 & \rho_{13}\sigma_1\sigma_3 & \cdots & \rho_{1n}\sigma_1\sigma_n \\ \rho_{21}\sigma_2\sigma_1 & \sigma_2^2 & \rho_{23}\sigma_2\sigma_3 & \cdots & \rho_{2n}\sigma_2\sigma_n \\ \vdots & \vdots & \vdots & \vdots & \vdots \\ \rho_{n1}\sigma_n\sigma_1 & \rho_{n2}\sigma_n\sigma_2 & \rho_{n3}\sigma_n\sigma_3 & \cdots & \sigma_n^2 \end{bmatrix} \quad (A-58)$$

的行列式，b_{ij} 为矩阵 B 的逆矩阵的元素，$\mu_1 = E[X(t_2)]$，$\sigma_1^2 = E[X(t_1)]$。ρ_{ij} 为 $X(t_i)$，$X(t_j)$ 的相关系数。则该过程称为正态过程 $\{X(t), -\infty < t < +\infty\}$。

A.3.3 随机过程的数字特征

1. 平均值函数

设随机过程 $\{X(t), a \leqslant t \leqslant b\}$，对任意给定时刻 t_0，随机变量 $X(t_0)$ 的平均值

$$\mu(t_0) = E[X(t_0)]$$

如果存在，且是一个与 t_0 有关的常数，记为 $\mu(t_0)$。若对任意 $t \in [a, b]$，$E[X(t)]$ 都存在，则 $\mu(t) = E[X(t)]$，$a \leqslant t \leqslant b$ 叫作 $\{X(t), a \leqslant t \leqslant b\}$ 的平均数。它是衡量随机过程取值平均水平的一种条件参数。

2. 协方差函数

随机过程 $\{X(t), a \leqslant t \leqslant b\}$ 如果存在二阶矩，则其协方差函数定义为

$$E[(X(s) - E[X(s)])(X(t) - E[X(t)])]$$
$$= E[(X(s) - \mu(s))(X(t) - \mu(t))], \quad a \leqslant s, t \leqslant b \quad (A-59)$$

记为

$$B(s, t) = E[(X(s) - \mu(s))(X(t) - \mu(t))] \quad (A-60)$$

当 $t = s$ 时，有

$$B(t, t) = E[(X(t) - \mu(t))^2] \quad (A-61)$$

这个二阶中心矩叫作随机过程的方差函数，记为

$$D(t) = B(t, t) = E[(X(t) - \mu(t))^2]$$

3. 相关函数

随机过程 $\{X(t), a \leqslant t \leqslant b\}$ 的相关函数定义为

$$\rho(s, t) = \frac{B(s, t)}{\sqrt{D(s)D(t)}}, \ a \leqslant s, \ t \leqslant b \tag{A-62}$$

可见相关函数是无量纲的，且具有以下性质：

(1) 对一切 $a \leqslant t \leqslant b$，恒有 $\rho(t, t) = 1$；

(2) 对任意 $a \leqslant s, \ t \leqslant b$，$\rho(s, t) = \rho(t, s)$；

(3) 对一切 $a \leqslant s, \ t \leqslant b$，$|\rho(s, t)| \leqslant 1$。

A.4 数理统计基础

数理统计的主要任务是以概率为理论基础，根据实验或观察得到的数据进行分析，然后研究对象的内在规律性作出合理的判断，因此，它涉及数据的收集和分析两大类问题，本节将介绍一些与此有关的基础知识。

A.4.1 数理统计的基本概念

1. 母体、子样和统计量

在数理统计中，把研究的对象的全体称为母体（或总体）。把组成母体的每个单元称为个体。母体一般可以用随机变量（或向量）描述，它的概率分布（或联合概率分布）叫作母体的概率分布，相应的平均值、方差、变异系数叫作母体的统计特性，就是母体的统计特征的泛称。

母体是由个体组成的，为了了解母体的性质，就必须对其中的个体进行观测统计。对母体的全部个体进行全面的观测统计，在很多情况下是不可能或者是不经济的。因此，只能从母体中抽取能代表母体的部分个体进行观测，这部分个体叫作一个子样（或样本）。

从母体中抽选样本称为抽样。抽样可以分为"有意抽样"和"随机抽样"。在工程结构可靠度分析中，常采用随机抽样，而随机抽样又可以分为单纯随机抽样、系统随机抽样以及分段、分层、分块或分群随机抽样等多种，可根据具体情况使用。

抽取子样后，往往并不是直接凭子样进行推断，而是首先经过加工，将子样中所包含的关于人们需要的信息提炼出来，针对不同问题，构造出子样的某种函数，这种函数在数理统计中称为统计量，用数学语言来说，设 $X_1, X_2, \cdots, X_n$ 为母体的一个子样，若 $g(x_1, x_2, \cdots, x_n)$ 为一不包含任何未知参数的连续函数，则称 $g(X_1, X_2, \cdots, X_n)$ 为一个统计量。

设 $X \sim N(\mu, \sigma^2)$，其中若 μ 已知，σ^2 未知，而 $X_1, X_2, \cdots, X_n$ 是 X 的一个样本，则 $\sum_{i=1}^{n}(X_i - \mu)^2$ 是统计量但 $(\sum_{i=1}^{n}X_i)/\sigma$ 不是统计量。

2. 子样的平均值、方差（标准差）、变异系数及相关系数

设 $X_1, X_2, \cdots, X_n$ 是容量为 n 的一个子样，相应于母体的平均值，方差等，子样平均值、方差等定义为：

1) 平均值

设从母体中抽取一个子样 $X_1, X_2, \cdots, X_n$，它的算术平均值为

$$\frac{1}{n}(X_1 + X_2 + \cdots + X_n)$$

称为子样平均值，记为 $\bar{X}$，即

$$\bar{X} = \frac{1}{n}\sum_{i=1}^{n} X_i \tag{A-63}$$

子样的平均值能从一个侧面反映母体的平均值。

2）方差

子样方差记为 S_n^2，其计算公式为

$$S_n^2 = \frac{1}{n}\sum_{i=1}^{n}(X_i - \bar{X})^2 \tag{A-64}$$

可以证明，由 S_n^2 表示母体方差 σ^2 偏小，因此改用

$$S_{n-1}^2 = \frac{1}{n-1}\sum_{i=1}^{n}(X_i - \bar{X})^2 \tag{A-65}$$

S_{n-1}^2 被称为无偏方差，当 n 很大时，以上两个公式计算结果差别很小。

子样无偏方差还可用如下两式计算，即

$$S_{n-1}^2 = \frac{1}{n-1}\sum_{i=1}^{n}(X_i^2 - n\bar{X}^2) \tag{A-66}$$

$$S_{n-1}^2 = \frac{n\sum_{i=1}^{n} X_i^2 - \left(\sum_{i=1}^{n} X_i\right)^2}{n(n-1)} \tag{A-67}$$

S_{n-1}^2 的平方根 S_{n-1} 称为子样无偏标准差，即

$$S_{n-1} = \sqrt{\frac{1}{n-1}\sum_{i=1}^{n}(X_i - \bar{X})^2} \tag{A-68}$$

3）变异系数

子样的标准差与平均值之比同样被用来作为母体的变异系数，无偏子样的变异系数为

$$V = S_{n-1}/\bar{X} = \sqrt{\frac{1}{n-1}\sum_{i=1}^{n}(X_i - \bar{X})^2} \bigg/ \left(\frac{1}{n}\sum_{i=1}^{n} X_i\right) \tag{A-69}$$

4）相关系数

随机变量 X、Y 的相关系数 ρ_{XY} 是反映它们之间存在线性关系密切程度的一种数量指标。当研究两个以上母体时，经常要计算子样的相关系数，以便反映母体之间的线性关系密切程度。

设 $X_1, X_2, \cdots, X_n$ 是母体 X 的一组观测值，$Y_1, Y_2, \cdots, Y_n$ 是母体 Y 的一组观测值，则

$$\begin{aligned}
\rho_{XY} &= \frac{\dfrac{1}{n}\sum_{i=1}^{n}(X_i - \bar{X})(Y_i - \bar{Y})}{\sqrt{\dfrac{1}{n^2}\sum_{i=1}^{n}(X_i - \bar{X})^2 \sum_{i=1}^{n}(Y_i - \bar{Y})^2}} \\
&= \frac{\sum_{i=1}^{n}(X_i - \bar{X})(Y_i - \bar{Y})}{\sqrt{\sum_{i=1}^{n}(X_i - \bar{X})^2 \sum_{i=1}^{n}(Y_i - \bar{Y})^2}}
\end{aligned} \tag{A-70}$$

3. 经验分布函数和频率直方图

1）经验分布函数

概率论中的大数定律指出，事件发生的频率总是围绕着它的理论概率作微小的波动，这一点为估计事件的概率分布提供了一个直观途径。

若从母体 X 中抽取一个容量为 n 的子样 X_1，X_2，$\cdots$，X_n，将其观测后按由小到大顺序排列，得到 $X_1' \leqslant X_2' \leqslant \cdots \leqslant X_{n-1}' \leqslant X_n'$。这时，事件"$X \leqslant x$"发生的频数 $N(x)$ 就是子样中满足 $X_k' \leqslant x$ 的个数 k，即 $N(x) = k$，再以 n 除之，就是该事件发生的频率，以此累计频率 $F_n(x) = \dfrac{k}{n}$ 作为 X 概率分布函数 $F(x)$ 的一种估计是数量统计中常用的一种方法，即

$$F_n(x) = \begin{cases} 0, & x < X_1' \\ \dfrac{k}{n}, & X_k' \leqslant x \leqslant X_{k+1}' \\ 1, & x \geqslant X_n' \end{cases} \tag{A-71}$$

由此可见，$F_n(x)$ 具有分布函数的基本性质，所以称其为经验分布函数（或子样分布函数）。

2）频数直方图

当所推断的母体 X 为连续随机变量时，还可以用频数直方图直观地反映母体密度函数曲线的大小形状。

所谓子样的频数直方图，是指将子样观测值 X_1，X_2，$\cdots$，X_n 进行适当分组，然后计算每一组中数据的个数（频数），并用纵坐标表示频数，横坐标表示子样的分组，所绘成的矩形图。有了频数直方图，就对所研究对象的概率分布有一个大致了解，从而能有目标地挑选某种概率密度函数拟合母体的密度函数。

A.4.2　统计参数估计

前面已经讨论了以频率作为概率基础估计概率分布的问题，下面介绍估计概率分布统计参数的方法。估计参数有几种方法，在此只介绍常用的矩法和最大似然法。

1. 矩法

矩法是一种常用的古典的参数估计方法，它是以子样的各阶矩作为母体相应矩的估计量。亦即母体 X 任意 K 阶原点矩 μ_K 的矩法估计量为

$$\hat{\mu}_K = \frac{1}{n} \sum_{i=1}^{n} X_i^K \tag{A-72}$$

母体 K 阶中心矩的矩估计量为

$$\hat{\alpha}_K = \frac{1}{n} \sum_{i=1}^{n} (X_i - \bar{X})^K \tag{A-73}$$

式中，$\bar{X} = \dfrac{1}{n} \sum\limits_{i=1}^{n} X_i$。

平均值（一阶原点矩）和方差（二阶中心矩）是最常用的母体参数，其矩法估计量分别为：

$$\hat{\mu} = \bar{X} = \frac{1}{n} \sum_{i=1}^{n} X_i \tag{A-74}$$

$$\hat{\sigma}^2 = \hat{\alpha}_2 = \frac{1}{n} \sum_{i=1}^{n} (X_i - \bar{X})^2 \tag{A-75}$$

以极值 I 型分布母体为例，用矩法估计它的统计参数。

已知母体的分布函数

$$F(x) = \exp\{-\exp[-\alpha(x-u)]\} \tag{A-76}$$

其概率密度函数为

$$f(x) = \alpha\exp[-\alpha(x-u)] \times \exp\{-\exp[-\alpha(x-u)]\}$$

根据定义，母体平均值 $\mu = \int_{-\infty}^{+\infty} xf(x)\,\mathrm{d}x$

令 $y = \alpha(x-u)$，则 $\mathrm{d}y = \alpha\mathrm{d}x$

$$\mu = \int_{-\infty}^{+\infty} \left(\frac{y}{\alpha} + u\right)\exp(-y)\exp[-\exp(-y)]\,\mathrm{d}y$$

$$= \frac{1}{\alpha}\int_{-\infty}^{+\infty} y\exp(-y)\exp[-\exp(-y)]\,\mathrm{d}y + u\int_{-\infty}^{+\infty} \exp(-y)\exp[-\exp(-y)]\,\mathrm{d}y$$

式中右端第一项积分

$$C_1 = \int_{-\infty}^{+\infty} y\exp(-y)\exp[-\exp(-y)]\,\mathrm{d}y = 0.57722\cdots \approx 0.5772$$

C_1 称为尤拉常数。第二项的积分为 1，得

$$\mu = \frac{C_1}{\alpha} + u \tag{A-77}$$

母体方差

$$\sigma^2 = \int_{-\infty}^{+\infty} (x-\mu)^2 f(x)\,\mathrm{d}x = \int_{-\infty}^{+\infty} \left(\frac{y-C_1}{\alpha}\right)\exp(-y)\exp[-\exp(-y)]\,\mathrm{d}y = \frac{1}{\alpha^2} \cdot \frac{\pi^2}{6} \tag{A-78}$$

令 $C_2 = \dfrac{\pi}{\sqrt{6}} = 1.2826$

得 $\sigma = \dfrac{C_2}{\alpha}$

现用子样的方差估计 σ^2，

$$\hat{\sigma}^2 = \frac{1}{\hat{\alpha}^2} \cdot \frac{\pi^2}{6} = \frac{1}{n}\sum_{i=1}^{n}(X_i - \bar{X})^2$$

$$\hat{\alpha} = \frac{C_2}{\sqrt{\dfrac{1}{n}\sum_{i=1}^{n}(X_i - \bar{X})^2}} \tag{A-79}$$

用子样的平均值估计 μ，

$$\hat{\mu} = \frac{C_1}{\hat{\alpha}} + \hat{u} = \bar{X}$$

$$\hat{u} = \bar{X} - \frac{C_1}{\hat{\alpha}} \tag{A-80}$$

2. 最大似然法

与矩法不同，最大似然法提供一个直接求参数的点估计的过程。设母体 X 有概率密度函

数 $f(x, \theta)$，θ 为未知参数，其子样的联合密度函数为 $\prod_{i=1}^{n} f(x_i, \theta)$。当确定 θ 后，则与该函数最大值相应的一组子样取值 $(X_1, X_2, \cdots, X_n)$ 是所有取值组中可能性最大的。最大似然法所依据的准则就是这样的，它认为在一次观测中所取得的子样来自母体的可能性最大，对子样观测值 $(X_1, X_2, \cdots, X_n)$，应使该函数达到最大，并以此原则求参数 θ 的估计值。定义 θ 的似然法函数如下：

$$L(\theta) = \prod_{i=1}^{n} f(x_i, \theta) \qquad (A-81)$$

要使 $L(\theta)$ 取最大值，θ 必然满足条件

$$\frac{\mathrm{d}L(\theta)}{\mathrm{d}\theta} = 0 \qquad (A-82)$$

由上式可以求解得到最大似然估计值 θ。

由于 $L(\theta)$ 与 $\ln L(\theta)$ 是在同一 θ 值处取得极值，因此，为方便起见，θ 可由下式求解

$$\frac{\mathrm{d}[\ln L(\theta)]}{\mathrm{d}\theta} = 0 \qquad (A-83)$$

对于含有两个或更多个参数的密度函数，其似然函数变成

$$L(X_1, X_2, \cdots, X_n; \theta_1, \theta_2, \cdots, \theta_m) = \prod_{i=1}^{n} f(X_i; \theta_1, \theta_2, \cdots, \theta_m) \qquad (A-84)$$

式中：$\theta_1, \theta_2, \cdots, \theta_m$ 为待估计的参数。显然它们为下列方程组的解

$$\frac{\partial L(X_1, X_2, \cdots, X_n; \theta_1, \theta_2, \cdots, \theta_m)}{\partial \theta_j} = 0; \; j = 1, 2, \cdots, m \qquad (A-85)$$

参数的最大似然估计法具有很多优点，特别对于大容量子样，常常认为最大似然法是"最好"的估计法，它给出了最小偏差。

A.4.3   统计假设检验

统计假设检验分为分布的假设检验和参数的假设检验两类，前者用来判断或检验母体概率分布，后者用来检验母体分布中某些统计参数。本小节重点介绍前一类问题，因为在分析结构可靠度之前，常常要确定各设计参数的分布类型。

1. 统计参数检验

统计参数检验包括单个母体 X 的平均值与方差；两个母体 X、Y 的平均值、方差及相关系数的检验。现将主要步骤归纳如下：

（1）建立统计假设。针对要检验的问题，根据经验或某种信息提出统计假设 H_0，例如关于平均值的 $H_0: \mu = \mu_0$。

（2）选择统计量。根据要检验的参数，选择适当的统计量。例如 $\mu = \dfrac{\bar{X} - \mu_0}{\sigma/\sqrt{n}}$。值得注意的是，所选的统计量必须有明确的概率分布。

（3）选择置信度 α，求出在 H_0 成立的条件下能使 $P_{H_0}\{|u| \geqslant u_\alpha\} \leqslant \alpha$ 满足的 u_α（即临界值）。

（4）作出统计判断。由子样观察值算出统计量 u 的取值，将它与临界值 u_α 比较，若

$|u| \geqslant u_\alpha$，则拒绝 H_0，否则接受 H_0。

2. 分布假设检验

关于分布假设检验，原则上与参数的假设检验相同。首先建立统计假设 H_0，选择一个旨在衡量子样与假设差异而且具有明确的分布的统计量，然后在规定的显著性水平上判断是否存在显著差异。若假设不被拒绝，则表示不拒绝 H_0，但往往由于可供选择的分布类型可能较多，因此接受 H_0 并不意味着其他分布形式一定都被拒绝。所以在建立统计假设 H_0 时，应尽可能选择一个比较合理的分布。检验方法较多，在此仅介绍常用三种方法。

1）χ^2 检验法

若母体 X 的分布函数 $F(x)$ 是未知函数，从母体中抽取一个容量为 n 的子样（X_1, X_2, $\cdots$, X_n），并由子样得到的统计资料提出假设 H_0: $F(x) = F_0(x)$，即假设母体的分布函数 $F(x) = F_0(x)$，也就是说，假设母体服从某个已知的分布 $F_0(x)$。若用 x^2 检验法来检验这一假设是否可以接受，其具体步骤如下：

（1）将试验数据分组，即把子样观测值的范围（$-\infty$, $+\infty$）分为 m 个区间：

$$(-\infty , a_1), (a_1 , a_2), \cdots , (a_{m-1} , +\infty)$$

（2）作出子样频数密度直方图（或频率密度直方图）。

（3）计算。

$$P_i = P\{ a_{i-1} \leqslant x \leqslant a_i \} = F_0(a_i) - F_0(a_{i-1}) \tag{A-86}$$

这里的 P_i 是表示在假设 H_0 成立时 X 在区间（a_{i-1}, a_i）上取值的概率。其中 $F_0(x)$ 的参数可由子样估计得到。

（4）利用（a_{i-1}, a_i）（$i = 1, 2, \cdots, n$）上频率与概率之差（$n_i/n - P_i$）来代表第 i 个区间上频率与概率密度函数曲线之偏差，并作统计量：

$$D = \sum_{i=1}^n \frac{n}{P_i} \left(\frac{n_i}{n} - P_i \right)^2 = \sum_{i=1}^n \frac{(n_i - nP_i)^2}{nP_i} \tag{A-87}$$

当 n 充分大时，统计量 D 渐近于服从自由度为 $m-1$ 的 x^2 分布。如果 $F_0(x)$ 中有 r 个参数（可由样本估算得到），则统计量渐近于服从自由度为 $m-r-1$ 的 x^2 分布。

（5）对于给定法置信度 α，可由 x^2 分布表，按自由度 $m-1$（或 $m-r-1$）查出置信限 D_α^{m-1}（或 D_α^{m-r-1}），并由子样观测值用上式计算出 D 值。若 $D > D_\alpha$，拒绝假设 H_0；若 $D \leqslant D_\alpha$，则接受假设 H_0。

2）K–S 检验法

可以看出，x^2 检验法实际上检验的只是在各个区间（a_{i-1}, a_i）（$i = 1, 2, \cdots, n$）上 $F_0(a_i) - F_0(a_{i-1}) = P_i = F(a_i) - F(a_{i-1})$ 是否可以接受。下面介绍的柯尔莫哥洛夫–斯米尔诺夫检验法（简称 K–S 检验法），可以说比 x^2 检验法前进了一步，它不是分区间来检验根据子样得到的经验分布函数 $F_N(x)$ 与 $F_0(x)$ 之间的偏差。因此，K–S 检验法比 x^2 检验法分辨率高。

K–S 检验法的基本思想是用根据子样得到的经验分布函数 $F_N(x)$ 与原假设的母体的理论分布函数 $F(x)$ 作比较，建立统计量 D_N。

设 X_1, X_2, $\cdots$, X_N 是取自具有连续分布函数 $F(x)$ 的一个子样观测值。

假设 H_0: $F(x) = F_0(x)$

以统计量

$$D_N = \max_{-\infty < x < +\infty} |F_N(x) - F(x)| = \max_{-\infty < x < +\infty} D_N(x) \qquad (A-88)$$

来度量实测资料与原假设之间差异的大小。

式中，$F(x)$ 为假设的理论分布函数；$F_N(x)$ 为根据实测资料作出的经验分布函数。

概率论已从理论上推导了 D_N 的概率分布，并编制了统计量 D_N 的分布函数表可供使用。

对于给定的置信的置信度 α 查的临界值 $D_{N,\alpha}$：

若 $D_N > D_{N,\alpha}$，则拒绝原假设 H_0；

若 $D_N < D_{N,\alpha}$，则接受原假设 H_0。

3）W 检验法

以上介绍的两种检验方法都只适合于大子样的情形。然而，在一些工程中，不少试验（如承载板）费时、费力且受经济因素的制约。要获取大子样比较困难，有时甚至是不可能的。因此，必须寻求适合于小子样的检验方法，而 W 检验法就是其中一种效率比较高的方法，它适用于 $3 \leqslant n \leqslant 50$ 的样本。

对于正态分布，W 检验的步骤如下：

（1）假设 H_0：母体服从正态分布。

（2）将观测值按从小到大的顺序排列成：

$$x_{(1)} \leqslant x_{(2)} \leqslant \cdots \leqslant x_{(n)}$$

（3）按公式计算统计量：

$$W = \frac{\left\{ \sum_{k=1}^{l} \alpha_k(W) \left[x_{(n+l-k)} - x_k \right] \right\}^2}{\sum_{k=1}^{n} \left[x_k - \bar{x} \right]^2} \qquad (A-89)$$

式中：n 为偶数时，$l = n/2$；当 n 为奇数时，$l = (n-1)/2$；其中 $\alpha_k(W)$ 的值可由附录中的表格查得。

（4）根据给定的置信度 α，查表得到 W 的临界值 W_α。

（5）做统计假设判断：

$W > W_\alpha$ 则拒绝 H_0；

$W < W_\alpha$ 则接受 H_0。

至于对数正态分布的 W 检验，则只需将子样的每个观测值取对数后，就可按正态分布检验方法和步骤进行。

附录 B

标准正态分布表

$$\Phi(x) = \int_{-\infty}^{x} \frac{1}{\sqrt{2\pi}} e^{-\frac{x^2}{2}} dx$$

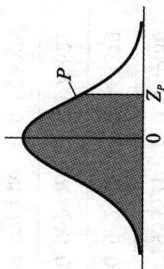

x	0.00	0.01	0.02	0.03	0.04	0.05	0.06	0.07	0.08	0.09
0.00	0.500000	0.503989	0.507978	0.511966	0.515953	0.519939	0.523922	0.527903	0.531881	0.535856
0.10	0.539828	0.543795	0.547758	0.551717	0.555670	0.559618	0.563559	0.567495	0.571424	0.575345
0.20	0.579260	0.583166	0.587064	0.590954	0.594835	0.598706	0.602568	0.606420	0.610261	0.614092
0.30	0.617911	0.621720	0.625516	0.629300	0.633072	0.636831	0.640576	0.644309	0.648027	0.651732
0.40	0.655422	0.659097	0.662757	0.666402	0.670031	0.673645	0.677242	0.680822	0.684386	0.687933
0.50	0.691462	0.694974	0.698468	0.701944	0.705401	0.708840	0.712260	0.715661	0.719043	0.722405
0.60	0.725747	0.729069	0.732371	0.735653	0.738914	0.742154	0.745373	0.748571	0.751748	0.754903
0.70	0.758036	0.761148	0.764238	0.767305	0.770350	0.773373	0.776373	0.779350	0.782305	0.785236

续上表

x	0.00	0.01	0.02	0.03	0.04	0.05	0.06	0.07	0.08	0.09
0.80	0.788145	0.791030	0.793892	0.796731	0.799546	0.802337	0.805105	0.807850	0.810570	0.813267
0.90	0.815940	0.818589	0.821214	0.823814	0.826391	0.828944	0.831472	0.833977	0.836457	0.838913
1.00	0.841345	0.843752	0.846136	0.848495	0.850830	0.853141	0.855428	0.857690	0.859929	0.862143
1.10	0.864334	0.866500	0.868643	0.870762	0.872857	0.874928	0.876976	0.879000	0.881000	0.882977
1.20	0.884930	0.886861	0.888768	0.890651	0.892512	0.894350	0.896165	0.897958	0.899727	0.901475
1.30	0.903200	0.904902	0.906582	0.908241	0.909877	0.911492	0.913085	0.914657	0.916207	0.917736
1.40	0.919243	0.920730	0.922196	0.923641	0.925066	0.926471	0.927855	0.929219	0.930563	0.931888
1.50	0.933193	0.934478	0.935745	0.936992	0.938220	0.939429	0.940620	0.941792	0.942947	0.944083
1.60	0.945201	0.946301	0.947384	0.948449	0.949497	0.950529	0.951543	0.952540	0.953521	0.954486
1.70	0.955435	0.956367	0.957284	0.958185	0.959070	0.959941	0.960796	0.961636	0.962462	0.963273
1.80	0.964070	0.964852	0.965620	0.966375	0.967116	0.967843	0.968557	0.969258	0.969946	0.970621
1.90	0.971283	0.971933	0.972571	0.973197	0.973810	0.974412	0.975002	0.975581	0.976148	0.976705
2.00	0.977250	0.977784	0.978308	0.978822	0.979325	0.979818	0.980301	0.980774	0.981237	0.981691
2.10	0.982136	0.982571	0.982997	0.983414	0.983823	0.984222	0.984614	0.984997	0.985371	0.985738
2.20	0.986097	0.986447	0.986791	0.987126	0.987455	0.987776	0.988089	0.988396	0.988696	0.988989
2.30	0.989276	0.989556	0.989830	0.990097	0.990358	0.990613	0.990863	0.991106	0.991344	0.991576
2.40	0.991802	0.992024	0.992240	0.992451	0.992656	0.992857	0.993053	0.993244	0.993431	0.993613
2.50	0.993790	0.993963	0.994132	0.994297	0.994457	0.994614	0.994766	0.994915	0.995060	0.995201

续上表

x	0.00	0.01	0.02	0.03	0.04	0.05	0.06	0.07	0.08	0.09
2.60	0.995339	0.995473	0.995604	0.995731	0.995855	0.995975	0.996093	0.996207	0.996319	0.996427
2.70	0.996533	0.996636	0.996736	0.996833	0.996928	0.997020	0.997110	0.997197	0.997282	0.997365
2.80	0.997445	0.997523	0.997599	0.997673	0.997744	0.997814	0.997882	0.997948	0.998012	0.998074
2.90	0.998134	0.998193	0.998250	0.998305	0.998359	0.998411	0.998462	0.998511	0.998559	0.998605
3.00	0.998650	0.998694	0.998736	0.998777	0.998817	0.998856	0.998893	0.998930	0.998965	0.998999
3.10	0.999032	0.999065	0.999096	0.999126	0.999155	0.999184	0.999211	0.999238	0.999264	0.999289
3.20	0.999313	0.999336	0.999359	0.999381	0.999402	0.999423	0.999443	0.999462	0.999481	0.999499
3.30	0.999517	0.999534	0.999550	0.999566	0.999581	0.999596	0.999610	0.999624	0.999638	0.999651
3.40	0.999663	0.999675	0.999687	0.999698	0.999709	0.999720	0.999730	0.999740	0.999749	0.999758
3.50	0.999767	0.999776	0.999784	0.999792	0.999800	0.999807	0.999815	0.999822	0.999828	0.999835
3.60	0.999841	0.999847	0.999853	0.999858	0.999864	0.999869	0.999874	0.999879	0.999883	0.999888
3.70	0.999892	0.999896	0.999900	0.999904	0.999908	0.999912	0.999915	0.999918	0.999922	0.999925
3.80	0.999928	0.999931	0.999933	0.999936	0.999938	0.999941	0.999943	0.999946	0.999948	0.999950
3.90	0.999952	0.999954	0.999956	0.999958	0.999959	0.999961	0.999963	0.999964	0.999966	0.999967
4.00	0.999968	0.999970	0.999971	0.999972	0.999973	0.999974	0.999975	0.999976	0.999977	0.999978
4.10	0.999979	0.999980	0.999981	0.999982	0.999983	0.999983	0.999984	0.999985	0.999985	0.999986
4.20	0.999987	0.999987	0.999988	0.999988	0.999989	0.999989	0.999990	0.999990	0.999991	0.999991
4.30	0.999991	0.999992	0.999992	0.999993	0.999993	0.999993	0.999993	0.999994	0.999994	0.999994
4.40	0.999995	0.999995	0.999995	0.999995	0.999996	0.999996	0.999996	0.999996	0.999996	0.999996

续上表

x	0.00	0.01	0.02	0.03	0.04	0.05	0.06	0.07	0.08	0.09
4.50	0.999997	0.999997	0.999997	0.999997	0.999997	0.999997	0.999997	0.999998	0.999998	0.999998
4.60	0.999998	0.999998	0.999998	0.999998	0.999998	0.999998	0.999998	0.999998	0.999999	0.999999
4.70	0.999999	0.999999	0.999999	0.999999	0.999999	0.999999	0.999999	0.999999	0.999999	0.999999
4.80	0.999999	0.999999	0.999999	0.999999	0.999999	0.999999	0.999999	0.999999	0.999999	0.999999
4.90	1.000000	1.000000	1.000000	1.000000	1.000000	1.000000	1.000000	1.000000	1.000000	1.000000

注：本表对于 x 给出正态分布函数 $\Phi(x)$ 的数值。

例：对于 x=1.33, $\Phi(x)=0.908241$。

参 考 文 献

［1］杨伟军，赵传智.土木工程结构可靠度理论与设计［M］.北京：人民交通出版社，1999.

［2］中华人民共和国国家标准.工程结构可靠性设计统一标准（GB 50153—2008）［S］.北京：中国建筑工业出版社，2008.

［3］赵国藩，金伟良，贡金鑫.结构可靠度理论［M］.北京：中国建筑工业出版社，2000.

［4］曹正熙，曹普.建筑工程结构荷载学［M］.北京：中国水利水电出版社，2006.

［5］许成祥，何培玲.荷载与结构设计方法［M］（第二版）.北京：北京大学出版社，2012.

［6］刘明.建筑结构可靠度［M］.沈阳：东北大学出版社，1999.3

［7］贡金鑫，魏巍巍.工程结构可靠性设计原理［M］.北京：机械工业出版社，2012.

［8］［丹麦］O.迪特莱夫森，［挪威］H.O.麦德森.结构可靠度方法［M］.上海：同济大学出版社，2005.

［9］中华人民共和国国家标准.建筑结构荷载规范（GB 50009—2012）［S］.北京：中国建筑工业出版社，2012.

［10］中华人民共和国国家标准.公路桥涵设计通用规范（JTG D60—2015）［S］.北京：中国建筑工业出版社，2015.

［11］中华人民共和国国家标准.公路桥涵设计通用规范（JTG D60—2004）［S］.北京：中国建筑工业出版社，2004.

［12］中华人民共和国国家标准.建筑结构可靠度设计统一标准（GB 50068—2001）［S］.北京：中国建筑工业出版社，2001.

［13］中华人民共和国国家标准.公路工程结构可靠度设计统一标准（GB/T 50283—1999）［S］.北京：中国建筑工业出版社，1999.

［14］中华人民共和国国家标准.港口工程结构可靠性设计统一标准（GB 50158—2010）［S］.北京：中国建筑工业出版社，2010.

［15］中华人民共和国国家标准.铁路工程结构可靠度设计统一标准（GB 50216—1994）［S］.北京：中国建筑工业出版社，1994.

［16］中华人民共和国国家标准.水利水电工程结构可靠性设计统一标准（GB 50199—2013）［S］.北京：中国建筑工业出版社，2013.

［17］张建仁，刘扬，许福友，郝海霞.结构可靠度理论及其在桥梁工程中的应用［M］.北京：人民交通出版社，2003.

［18］Andrezej S. Nowak, Kevin R. Collins. Reliability of structures［M］.重庆：重庆大学出版社，2005.

［19］李国强，黄宏伟，吴迅，刘沈如.工程结构荷载与可靠度设计原理［M］（第三版）.北京：中国建筑工业出版社，2005.

［20］中国建筑科学研究院.建筑结构设计统一标准（GBJ 68—84）［S］.北京：建筑工业出版社，1985.6.

［21］赵国藩.工程结构可靠性理论与应用［M］.大连：大连理工大学出版社，1996.

［22］贡金鑫.工程结构可靠度计算方法［M］.大连：大连理工大学出版社，2003.

［23］李明顺，胡德炘，史志华.我国建筑结构可靠度设计标准的技术合理性与依据［C］.见：工程科技论坛"土建结构工程的安全性与耐久性"文集.北京：清华大学，2001.11.

图书在版编目(CIP)数据

荷载与结构设计方法/杨春侠等主编 .
—长沙:中南大学出版社,2016.7
ISBN 978 – 7 – 5487 – 2258 – 8

Ⅰ.荷... Ⅱ.杨... Ⅲ.建筑结构 – 结构载荷 – 结构设计 – 高等学校 – 教材　Ⅳ.TU312

中国版本图书馆 CIP 数据核字(2016)第 101497 号

荷载与结构设计方法

杨春侠　蒋友宝
　　　　　　　　主编
张振浩　金霞飞

□责任编辑　刘　辉
□责任印制　易红卫
□出版发行　中南大学出版社
　　　　　　社址:长沙市麓山南路　　　邮编:410083
　　　　　　发行科电话:0731-88876770　传真:0731-88710482
□印　　装　长沙理工大印刷厂

□开　　本　787×1092　1/16　□印张 9　□字数 224 千字
□版　　次　2016 年 7 月第 1 版　□印次　2016 年 7 月第 1 次印刷
□书　　号　ISBN 978 – 7 – 5487 – 2258 – 8
□定　　价　23.00 元

图书出现印装问题,请与经销商调换